Adobe创意大学运维管理中心　推荐教材

"十二五"职业技能设计师岗位技能实训教材

Adobe
Illustrator
CS6 图形设计与制作

案例技能实训教程

姚春丽　张丽敏　石伟华　编著

北京希望电子出版社
Beijing Hope Electronic Press
www.bhp.com.cn

内 容 简 介

本书是一本"面向工作流程"的优秀教材，通过讲解商业设计作品的制作方法，让学生掌握实用的岗位技能。本书分为 11 个模块，每个模块的结构分为模拟制作任务、知识点拓展、独立实践任务 3 部分，模拟制作任务让学生了解作品的设计流程，培养学生的学习兴趣；知识点拓展让学生更加详细地学习到软件知识和专业知识，使知识体系统化；独立实践任务充分发挥学生的学习主动性，培养学生真正独立的工作技能。知识点拓展与步骤中知识相呼应，让学生能够灵活的"做中学"和"学中做"。

本书内容丰富，采用双线贯穿，一条以选取的具有代表性的商业作品为组织线索，包括贵宾卡、准入证、书籍插画、POP 广告、企业 LOGO、企业名片、就业人数统计表、活动海报、图书封面等；一条以软件知识为组织线索，包括基本图形的绘制与编辑、绘制和编辑路径、对象的基本操作、填充与描边、文字的使用、图表的创建与应用、混合功能、符号的使用、3D 功能和滤镜效果、打印与 PDF 文件制作等。

本书可以作为各院校"数字媒体艺术"相关专业的教材，还可以作为想从事平面设计、印刷行业的自学者的学习用书。本书适合作为各大院校和培训学校相关专业的教材。因其实例内容具有行业代表性，是 Illustrator 图形处理方面不可多得的参考资料，也可供相关从业人员参考。

本书提供了与教材内容相对应的大部分教学视频、原始素材和最终效果文件。为方便教学，还为用书教师准备了与本书内容同步的电子课件、习题答案等。通过扫描本书封底的二维码可获取相关资源。

图书在版编目（ＣＩＰ）数据

Adobe Illustrator CS6 图形设计与制作案例技能实训教程 / 姚春丽, 张丽敏, 石伟华编著. --北京: 北京希望电子出版社, 2014.1

ISBN 978-7-83002-158-0

Ⅰ. ①A… Ⅱ. ①姚… ②张… ③石… Ⅲ. ①图形软件－教材
Ⅳ. ①TP391.41

中国版本图书馆 CIP 数据核字(2013)第 294143 号

出版：北京希望电子出版社 封面：深度文化
地址：北京市海淀区中关村大街 22 号 编辑：刘秀青
　　　中科大厦 A 座 10 层 校对：全　卫
邮编：100190 开本：787mm×1092mm　1/16
网址：www.bhp.com.cn 印张：14.5
电话：010-82620818（总机）转发行部 字数：344 千字
　　　010-82626237（邮购） 印刷：北京昌联印刷有限公司
传真：010-62543892 版次：2022 年 1 月 1 版 9 次印刷
经销：各地新华书店

定价：42.00 元

丛 书 序

《国家"十二五"时期文化改革发展规划纲要》提出，到 2015 年中国文化改革发展的主要目标之一是"现代文化产业体系和文化市场体系基本建立，文化产业增加值占国民经济比重显著提升，文化产业推动经济发展方式转变的作用明显增强，逐步成长为国民经济支柱性产业"。文化创意人才队伍则是决定文化产业发展的关键要素，而目前北京、上海等地的创意产业从业人员占总就业人口的比例远远不及纽约、伦敦、东京等文化创意产业繁荣城市，人才不足矛盾愈发突出，严重制约了我国文化事业的持续发展。

教育机构是人才培养的主阵地，为文化创意产业的发展注入了动力和新鲜血液。同时，文化创意产业的人才培养也离不开先进技术的支撑。Adobe®公司的技术和产品是文化创意产业众多领域中重要和关键的生产工具，为文化创意产业的快速发展提供了强大的技术支持，带来了全新的理念和解决方案。使用 Adobe 产品，人们可尽情施展创作才华，创作出各种具有丰富视觉效果的作品。其无与伦比的图形图像功能，备受网页和图形设计人员、专业出版人员、商务人员和设计爱好者的喜爱。他们希望能够得到专业培训，更好地传递和表达自己的思想和创意。

Adobe®创意大学计划正是连接教育和行业的桥梁，承担着将 Adobe 最新技术和应用经验向教育机构传导的重要使命。Adobe®创意大学计划通过先进的考试平台和客观的评测标准，为广大的合作院校、机构和学生提供快捷、稳定、公正、科学的认证服务，帮助培养和储备更多的优秀创意人才。

北京中科希望软件股份有限公司是 Adobe®公司授权的 Adobe®创意大学运维管理中心，全面负责 Adobe®创意大学计划及 Adobe®认证考试平台的运营及管理。Adobe®创意大学技能实训系列教材是 Adobe 创意大学运维管理中心的推荐教材，它侧重于综合职业能力与职业素养的培养，涵盖了 Adobe 认证体系下各软件产品认证专家的全部考核点。为尽可能适应以提升学习者的动手能力，该套书采用了"模块化+案例化"的教学模式和"盘+书"的产品方式，即：从零起点学习 Adobe 软件基本操作，并通过实际商业案例的串讲和实际演练来快速提升学习者的设计水平，这将大大激发学习者的兴趣，提高学习积极性，引导学习者自主完成学习。

我们期待这套教材的出版，能够更好地服务于技能人才培养、服务于就业工作大局，为中国文化创意产业的振兴和发展做出贡献。

北京中科希望软件股份有限公司董事长 　周明陶

前　言

Adobe 公司作为全球最大的软件公司之一，自创建以来，从参与发起桌面出版革命，到提供主流创意工具，以其革命性的产品和技术，不断变革和改善着人们思想及交流的方式。今天，无论是在报刊，杂志、广告中看到的，还是从电影，电视及其他数字设备中体验到的，几乎所有的作品制作背后均打着 Adobe 软件的烙印。

为了满足新形势下的教育需求，我们组织了由 Adobe 技术专家、资深教师、一线设计师以及出版社策划人员的共同努力下完成了新模式教材的开发工作。本教材模块化写作，通过案例实训的讲解，让学生掌握就业岗位工作技能，提升学生的动手能力，以提高学生的就业全能竞争力。

本书共分十一个模块：

模块 01　设计制作贵宾卡——Illustrator 的基础知识

模块 02　设计制作准入证——基本图形的绘制与编辑

模块 03　设计制作儿童书籍插画——绘制和编辑路径

模块 04　设计制作 POP 广告——对象的基本操作

模块 05　设计制作企业 LOGO——设置填充与描边

模块 06　设计制作企业名片——文字的使用

模块 07　设计制作就业人数统计表——编辑图表

模块 08　设计制作活动海报——高级技巧

模块 09　设计制作图书封面——3D 功能和滤镜效果

模块 10　设计制作吊牌——打印与 PDF 文件制作

模块 11　综合实例

本书特色鲜明，侧重于综合职业能力与职业素养的培养，融"教、学、做"为一体，适合应用型本科、职业院校、培训机构作为教材使用。为了教学方便，还为用书教师提供与书中同步的教学资源包（课件、素材、视频）。

本书由姚春丽、张丽敏、石伟华编著，由王国胜负责此书的审定工作。其中 1、2、3、4 章由姚春丽编写，5、6、7、8 章由张丽敏编写、第 9、10、11 章由石伟华编写。同时也感谢北京希望电子出版社的鲁海涛对本书付出的辛勤工作，本书才得以顺利出版。再此表示感谢。

由于编者水平有限，本书疏漏或不妥之处在所难免，敬请广大读者批评、指正。

编者

2013 年 10 月

Contents 目录

模块 01 设计制作贵宾卡
——Illustrator的基础知识

模块 02 设计制作准入证
——基本图形的绘制与编辑

模块 03 设计制作儿童书籍插画
——绘制和编辑路径

模块 04 设计制作POP广告
——对象的基本操作

模块 07 设计制作就业人数统计表
——编辑图表

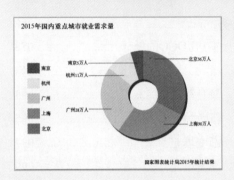

模块 08 设计制作活动海报
——高级技巧

模块 09 设计制作图书封面
——3D功能和滤镜效果

模块 10　设计制作吊牌
——打印与PDF文件制作

模块 11　综合实例

模 块

01 设计制作贵宾卡
——Illustrator的基础知识

任务参考效果图：

能力目标：

1. 掌握新建与打开文件的方法
2. 可以自己设计制作名片及其他卡片

软件知识目标：

1. 熟悉Illustrator CS6工具界面
2. 掌握文件的基本操作
3. 掌握图形的显示方法

专业知识目标：

1. 掌握Illustrator工作界面组件
2. 了解菜单栏、工具栏和面板
3. 掌握管理和控制视图的方法

课时安排：

2课时（讲课1课时，实践1课时）

Ai 模拟制作任务

任务1　贵宾卡的设计

🖥 任务背景

聚龙国际俱乐部是一家集住宿、餐饮、娱乐为一体的全国连锁性质的俱乐部。为了便于对俱乐部高端消费者进行更为贴心的服务，提升俱乐部的知名度，打造企业形象，特委托本公司专门对VIP用户卡进行设计制作。

🖥 任务要求

设计要沉稳、简洁、大气，能够体现出VIP会员的尊崇地位。图案的选取和颜色的搭配要符合高端消费者人群的审美观，还要突出该俱乐部的名称，提升企业的形象。

🖥 任务分析

采用以矩形为主的画面分割方式，以体现俱乐部严谨的作风和认真的工作态度。整个名片以深灰色为背景，体现沉稳、大气、尊崇的视觉效果。正面安排了一个徽章似的图案，作为VIP卡识别的主要图案，采用金黄色与黑色、深灰色搭配，通过极简的颜色对比和反差，达到既沉稳又不失华丽的效果。

🖥 最终效果

本任务最终效果文件在"光盘:\素材文件\模块01"目录下，操作视频在"光盘:\操作视频\模块01"目录下。

🖥 任务详解

STEP 01 执行"文件"→"新建"命令，创建一个新文件，如图1-1所示。

STEP 02 选择"矩形工具" ▣ ，然后在视图中单击，参照图1-2，在弹出的"矩形"对话框中进行设置，然后单击"确定"按钮，创建矩形。使用"移动工具" ▣ 调整矩形与上方的画板对齐。

STEP 03 保持矩形为选中状态，在工具箱中双击位于底部的"填色"按钮，打开"拾色

器"对话框，设置颜色为深灰色（C：80、M：74、Y：73、K：48），单击"确定"按钮，关闭对话框，如图1-3所示。

STEP 04 在"图层"面板中，单击眼睛图标右侧的空白处，将矩形图形锁定，以方便后面的编辑，效果如图1-4所示。

STEP 05 使用"矩形工具" ▣ 绘制矩形，并通过"拾色器"对话框将其设置为黑色，如图1-5所示。

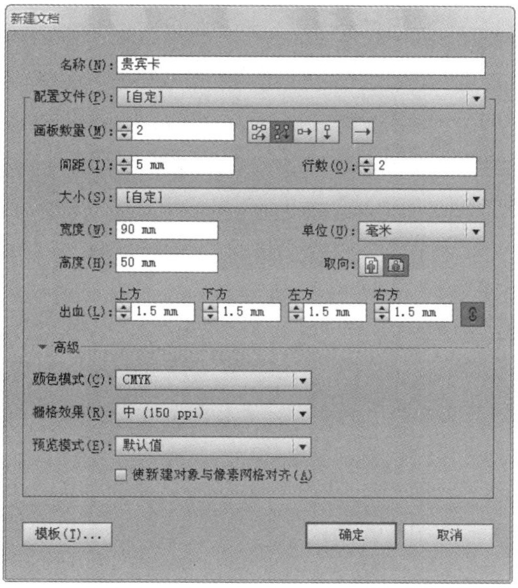

图1-1

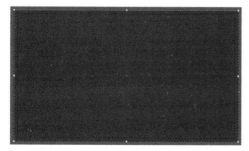

图1-2

图1-3

图1-4

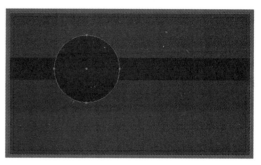

图1-5

STEP 06 选中工具箱中的"椭圆工具" ，按住Shift键在视图中绘制黑色正圆，如图1-6所示。

图1-6

STEP 07 保持圆形为选中状态，在工具箱底部双击"描边"按钮，打开"拾色器"对话框，设置颜色为中黄（C：6、M：53、Y：90、K：0），如图1-7所示。

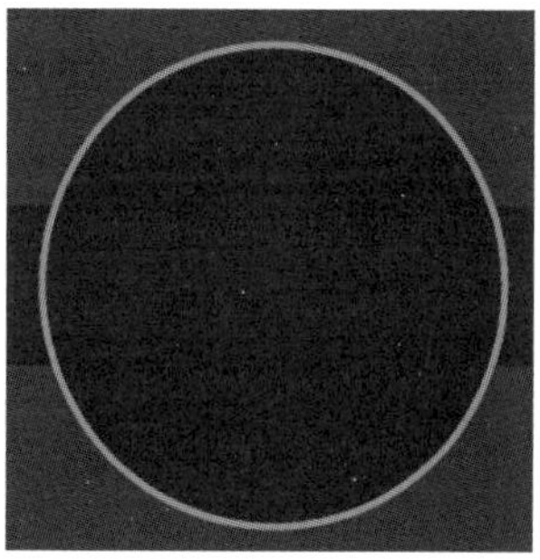

图1-7

STEP 08 选中正圆，在选项栏中单击"描边"按钮，在弹出的面板中设置"粗细"为4pt，如图1-8所示。

STEP 09 继续使用"椭圆工具" 绘制正圆，放置于之前绘制正圆的中心，如图1-9所示。

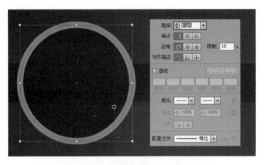

图1-8

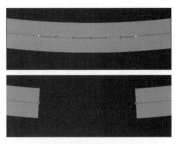

图1-11

图1-9

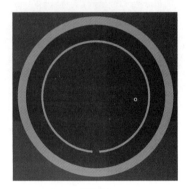

图1-12

STEP **10** 选择工具箱中的"钢笔工具" ，移动光标到圆形最低端锚点左侧的路径上，当光标右下角出现"+"时单击鼠标，在单击的位置添加一个锚点。使用相同的方法在另一侧添加锚点，如图1-10所示。为了便于读者查看，右侧图片已将视图放大。

图1-10

STEP **11** 选择工具箱中的"直接选择工具" ，选中位于中间的锚点，按Delete键将选中的锚点删除，如图1-11所示。

STEP **12** 观察当前的图形效果，如图1-12所示，下面要在这个开放的圆环上添加文本。

STEP **13** 选择工具箱中的"文字工具" ，移动光标到圆环开口处的路径上，当光标下侧出现曲线时单击鼠标，然后输入文本内容，如图1-13所示。

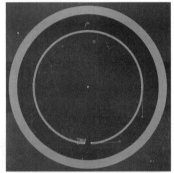

图1-13

STEP **14** 在工具箱中选择"选择工具" ，移动光标到变换框右上角的外侧，当光标变为双向箭头时单击并拖动鼠标，变换文本的方向，如图1-14所示。

图1-14

STEP 15 使用"钢笔工具" ✍ 在视图中绘制两个图形，如图1-15所示。

图1-15

STEP 16 在"图层"面板中，按住Ctrl键单击最顶层的两个图层以选中，如图1-16所示，拖动这两个图层到黑色圆形的下方。

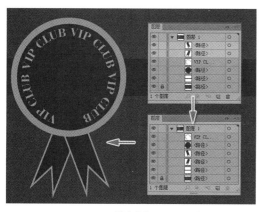

图1-16

STEP 17 在文字中间再次绘制一个中黄色的圆环，并使用"文字工具" T 在视图中输入文本，如图1-17所示。

图1-17

STEP 18 在"图层"面板中，单击深灰色矩形背景图层前面的锁状图标，解除图层的锁定状态。然后选中位于最低层的两个图层，拖动到"图层"面板底部的"创建新图层" ▣ 按钮处，将它们复制，如图1-18所示。

图1-18

01
02
03
04
05
06
07
08
09
10
11

STEP 19 参照图1-19，使用"选择工具" ▶ 调整复制图形的位置，制作卡片的背面。

STEP 20 最后使用"文字工具" T 在视图中输入文本，如图1-20所示，完成该卡片的制作。

图1-19

图1-20

Ai 知识点拓展

知识点1　认识图形图像

图形和图像是平面设计中最基本的两个概念，在使用Illustrator CS6之前，首先来了解一下它们的区别。

1. 矢量图形和位图图像

在使用计算机进行绘图时，经常会用到矢量图形和位图图像这两种不同表现形式的图像。在Illustrator CS6软件中，不但可以制作出各式各样的矢量图形，还可以处理导入的位图图像。

● 矢量图形

矢量图形又称为向量图形，内容以线条和颜色块为主。由于其线条的形状、位置、曲率和粗细都是通过数学公式进行描述与记录的，因而矢量图形与分辨率无关，能以任意大小输出，不会遗漏细节或降低清晰度，更不会出现锯齿状的边缘现象，而且图像文件所占的磁盘空间也很小，非常适合网络传输。网络上流行的Flash动画采用的就是矢量图形格式。矢量图形在标志设计、插图设计以及工程绘图上占有很大的优势。制作和处理矢量图形的软件有Illustrator、CorelDRAW等，绘制的矢量图形如图1-21所示。

● 位图图像

位图图像又称为点阵图像，是由许许多多的点组成的，这些点称为像素。这些不同颜色的点按一定次序进行排列，就组成了色彩斑斓的图像，如图1-22所示。当把位图图像放大到一定程度显示时，在计算机屏幕上就可以看到一个个小色块，这些小色块就是组成图像的像素。位图图像通过记录每个点（像素）的位置和颜色信息来保存图像，因此图像的像素越多，每个像素的颜色信息越多，图像文件也就越大。

图1-21

图1-22

> **提 示**
>
> 在计算机绘图领域中，绘图软件被分成两大类，一类是以数学方法表现图形的矢量图软件，其中以CorelDRAW、FreeHand、Illustrator为代表；另一类是以像素来表现图像的位图处理软件，其中以Photoshop为代表。Adobe公司在这两大软件领域中都占有举足轻重的作用，由该公司开发的位图图像处理软件Photoshop的各种版本，以其操作简便、功能强大而深受用户的喜爱；而Illustrator软件是Adobe公司开发的主要基于矢量图形的优秀软件，它在矢量绘图软件中也占有一席之地，并且对位图也有一定的处理能力。

> **提 示**
>
> 位图图像与分辨率有关。当位图图像在屏幕上以较大的放大倍数显示或以过低的分辨率打印时，就会看到锯齿状的图像边缘。因此，在制作和处理位图图像之前，应首先根据输出的要求调整好图像的分辨率。制作和处理位图图像的软件有Photoshop、Painter等。

2. 分辨率

分辨率对于数字图像非常重要，其中涉及图像分辨率、屏幕分辨率和打印分辨率3种概念，下面分别予以介绍。

- **图像分辨率**

图像分辨率即图像中每单位长度含有的像素数目，通常用像素/英寸表示。如分辨率为72像素/英寸的图像，表示1英寸×1英寸的图像范围内总共包含了5184个像素点（72像素宽×72像素高=5184）。同样是1英寸×1英寸，分辨率为300像素/英寸的图像，却总共包含了90000个像素。因此，分辨率高的图像比相同尺寸的低分辨率图像包含更多的像素，因而图像也更清晰、细腻。

- **屏幕分辨率**

屏幕分辨率即显示器上每单位长度显示的像素或点的数量，通常以点/英寸（dpi）来表示。屏幕分辨率取决于显示器的大小及其像素设置。了解显示器分辨率，有助于解释图像在屏幕上的显示尺寸不同于其打印尺寸的原因。显示时，由于图像像素直接转换为显示器像素，当图像分辨率比屏幕分辨率高时，在屏幕上显示的图像比其指定的打印尺寸要大。

- **打印分辨率**

打印分辨率即激光打印机（包括照排机）等输出设备产生的每英寸的油墨点数（dpi）。大多数桌面激光打印机的分辨率为300~600dpi，而高档照排机能够以1200dpi或更高的分辨率进行打印。

3. 文件格式

文件格式是指使用或创作的图形、图像的格式，不同的文件格式拥有不同的使用范围。下面对Illustrator CS6中常用的文件格式进行介绍。

- **AI（*.AI）格式**

AI格式是Illustrator软件创建的矢量图格式，AI格式的文件可以直接在Photoshop软件中打开，打开后的文件将转换为位图格式。

- **EPS（*.EPS）格式**

EPS是Encapsulated PostScript首字母的缩写，可以说是一种通用的行业标准格式。除了多通道模式的图像之外，其他模式都可存储为EPS格式，但是它不支持Alpha通道。EPS格式可以支持剪贴路径，可以产生镂空或蒙版效果。

- **TIFF（*.TIFF）格式**

TIFF格式是印刷行业标准的图像格式，通用性很强，几乎所有的图像处理软件和排版软件都提供了很好的支持，广

提 示

分辨率并不是越大越好，分辨率越大，图像文件就越大，在处理时所需的内存和CPU处理时间也就越多。

提 示

如何决定图像的分辨率，应考虑图像的最终用途，根据用途对图像设置不同的分辨率。如果所制作的图像用于网络，分辨率只需满足典型的显示器分辨率（72dpi或96dpi）即可；如果图像用于打印、输出，则需要满足打印机或其他输出设备的要求；如果图像用于印刷，图像分辨率应不低于300dpi。

泛用于程序之间和计算机平台之间进行图像数据交换。TIFF格式支持RGB、CMYK、Lab、索引颜色、位图和灰度颜色模式，并且在RGB、CMYK和灰度3种颜色模式中还支持使用通道、图层和路径。

- PSD（*.PSD）格式

PSD格式是Adobe Photoshop软件内定的格式，也是Photoshop新建和保存图像文件默认的格式。PSD格式是唯一可支持所有图像模式的格式，并且可以存储在Photoshop中建立的所有图层、通道、参考线、注释和颜色模式等信息，这样下次继续进行编辑时就会非常方便。因此，对于没有编辑完成、下次需要继续编辑的文件，最好保存为PSD格式。

- GIF（*.GIF）格式

GIF格式也是一种非常通用的图像格式，由于最多只能保存256种颜色，并且使用LZW压缩方式压缩文件，因此GIF格式保存的文件非常轻便，不会占用太多的磁盘空间，非常适合Internet上的图片传输。

在保存图像为GIF格式之前，需要将图像转换为位图、灰度或索引颜色等颜色模式。GIF采用两种保存格式，一种为"正常"格式，可以支持透明背景和动画格式；另一种为"交错"格式，可以让图像在网络上由模糊逐渐转为清晰的方式显示。

- JPEG（*.JPEG）格式

JPEG是一种高压缩比的、有损压缩真彩色图像文件格式，其最大特点是文件比较小，可以进行高倍率的压缩，因而在注重文件大小的领域应用广泛，比如网络上的绝大部分要求高颜色深度的图像都使用JPEG格式。JPEG格式是压缩率最高的图像格式之一，这是由于JPEG格式在压缩保存的过程中会以失真最小的方式丢掉一些肉眼不易察觉的数据，因此保存后的图像与原图像会有所差别，没有原图像的质量好，一般在印刷、出版等高要求的场合不宜使用。

- PDF（*.PDF）格式

Adobe PDF是Adobe公司开发的一种跨平台的通用文件格式，能够保存任何源文档的字体、格式、颜色和图形，而不管创建该文档所使用的应用程序和平台。Adobe Illustrator、Adobe InDesign和Adobe Photoshop程序都可直接将文件存储为PDF格式。Adobe PDF文件为压缩文件，任何人都可以通过免费的Acrobat Reader程序进行共享、查看、导航和打印。

提 示

当然，PSD格式也有其缺点，由于保存的信息较多，与其他格式的图像文件相比，PSD保存时所占用的磁盘空间要大得多。此外，由于PSD是Photoshop的专用格式，许多软件（特别是排版软件）都不能直接支持，因此，在图像编辑完成之后，应将图像转换为兼容性好并且占用磁盘空间小的图像格式，如TIFF、JPG格式。

提 示

JPEG格式支持CMYK、RGB和灰度颜色模式，但不支持Alpha通道。

提 示

PDF格式除支持RGB、Lab、CMYK、索引颜色、灰度和位图颜色模式外，还支持通道、图层等数据信息。

● BMP（*.BMP）格式

BMP是Windows平台标准的位图格式，使用非常广泛，一般的软件都提供了非常好的支持。BMP格式支持RGB、索引颜色、灰度和位图颜色模式，但不支持Alpha通道。保存位图图像时，可选择文件的格式（Windows操作系统或OS苹果操作系统）和颜色深度（1~32位），对于4~8位颜色深度的图像，可选择RLE压缩方案，这种压缩方式不会损失数据，是一种非常稳定的格式。BMP格式不支持CMYK颜色模式的图像。

● PNG（*.PNG）格式

PNG是Portable Network Graphics（轻便网络图形）的缩写，是Netscape公司专为互联网开发的网络图像格式。不同于GIF格式图像的是，它可以保存24位的真彩色图像，并且支持透明背景和消除锯齿边缘的功能，可以在不失真的情况下压缩保存图像。但由于并不是所有的浏览器都支持PNG格式，所以该格式使用范围没有GIF和JPEG广泛。

PNG格式在RGB和灰度颜色模式下支持Alpha通道，但在索引颜色和位图模式下不支持Alpha通道。

知识点2　了解Illustrator

Illustrator是一个矢量绘图软件，它可以创建出光滑、细腻的艺术作品，如插画、广告图形等，因为可以和Photoshop几乎无障碍地配合使用，所以是众多设计师、插画师的最爱，其最新的版本是Illustrator CS6。

1. Illustrator与Photoshop

Illustrator与Photoshop的关系，可以看成是平面设计的两根筷子，少了哪一个都吃不到饭。在设计创作的时候，可以使用这两个软件共同协作。

AI作为矢量图绘制方面的利器，在制作矢量图形上有着无与伦比的优势，它在图形、卡通、文字造型、路径造型上非常出色，如图1-23所示的标志图形就是用AI制作的。但该软件在抠取图片、渐隐、色彩融合、图层等方面的功能上，相比较PS而言较弱。

PS主要用于处理和修饰图片。在创作时，可以利用其强大的功能，制作出色彩丰富、细腻的图像，还可以创建出写实的图像、流畅的光影变化、过渡自然的羽化效果等，总之可以创建出变化无穷的图像效果，如图1-24所示就是用PS制作的效果。

提　示

Illustrator与Photoshop同是Adobe公司的产品，它们有着类似的操作界面和快捷键，并能共享一些插件和功能，实现无缝连接。

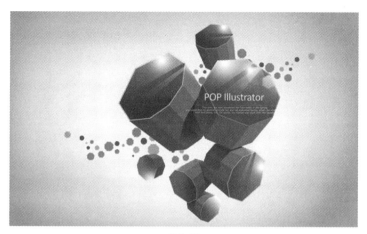

图1-23

图1-24

PS在文字排版、字体变形、路径造型修改等方面要欠缺一些，而这些不足，正好可以使用AI来弥补。如图1-25所示，这是使用AI和PS共同创作的设计作品。

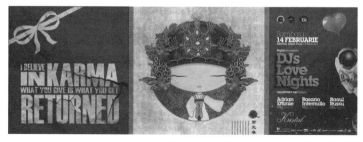

图1-25

2. Illustrator可以干什么

Illustrator在矢量图形绘制领域是无可替代的一个软件，利用该软件可以绘制标志、VI、广告、排版、插画以及可以使用矢量图创作的一切应用类别，也可以用来创建设计作品中使用到的一些小的矢量图形。可以这样说，只要能想象的

到的图形，都可以通过该软件创建出来。

- **平面设计**

Illustrator可以应用于平面设计中的很多类别，不管是广告设计、海报设计、标志设计、POP设计、封面设计等，都可以使用该软件直接创建或是配合创作，如图1-26所示。

图1-26

- **版面排版设计**

Illustrator作为一个矢量绘图软件，也提供了强大的文本处理和图文混排功能。它不仅可以创建各种各样的文本，也可以像其他文字处理软件一样排版大段的文字，其最大的优点是可以把文字像图形一样进行处理，创建出绚丽多彩的文字效果，如图1-27所示。

图1-27

- **插画设计**

到目前为止，Illustrator依旧是很多插画师追捧的绘制利器，利用其强大的绘制功能，不仅可以实现各种图形效果，还可以使用众多的图案、笔刷，实现丰富的画面效果，如图1-28所示。

图1-28

知识点3　　Illustrator CS6工作界面

Illustrator CS6的工作界面主要由菜单栏、控制面板、工具箱、标尺、网格、页面区域、工作区域、状态栏、面板组成，如图1-29所示。

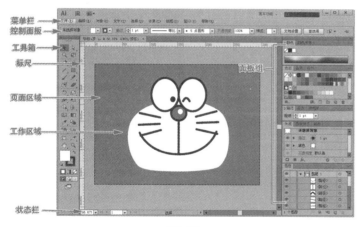

图1-29

下面简要介绍各部分的主要功能和作用。

◆ 菜单栏：包括"文件"、"编辑"、"视图"和"窗口"等9个主菜单，每一个菜单又包括多个子菜单，通过应用这些命令，可以完成大多数常规和编辑操作。

◆ 控制面板：可以快速访问与所选对象相关的选项，其中显示的选项与所选的对象或工具相对应。例如，选择文本对象时，控制面板除了显示用于更改对象颜色的选项以外，还会显示文本格式选项。

提　示

工具箱包括了大量具有强大功能的工具，这些工具可以在绘制和编辑图形的过程中制作出精彩的效果。

工具箱中的许多工具并没有直接显示出来，而是以组的形式隐藏在右下角带小三角形的工具按钮中，使用鼠标按住该工具不放即可展开工具组，如下图所示。

例如，使用鼠标按住文字工具，将展开文字工具组，用鼠标单击文字工具组右边的黑色三角形，文字工具组就从工具箱中分离出来，成为一个相对独立的工具栏，如下图所示。

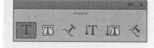

◆ 工具箱：包括了Illustrator CS6中所有的工具，大部分工具还有其展开式工具栏，里面包含了与该工具功能类似的工具，可以更方便、快捷地进行绘图与编辑。

◆ 标尺：可以对图形进行精确的定位，还可测量图形的准确尺寸。

◆ 页面区域：指工作界面中用黑色实线围成的矩形区域，这个区域的大小就是用户设置的页面大小。

◆ 工作区域：指页面外的空白区域，和页面区域相同，可以使用绘制类工具在此自由绘图。

◆ 状态栏：显示当前文档视图的显示比例、当前正在使用的工具和时间、日期等信息。

◆ 面板：是Illustrator CS6最重要的组件之一，在面板中可设置数值和调节功能。面板是可以折叠的，可根据需要分离或组合，具有很大的灵活性。

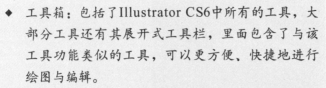

提示

用鼠标按住面板的标题不放，向页面中拖动，拖动到面板组外时，松开鼠标左键，将形成独立的面板，此时使用鼠标单击面板上端的 ▶▶ 按钮，可展开面板。部分面板左上角存在一个 ▣ 按钮，单击该按钮，可使面板中的功能按钮全部显示、部分显示或不显示。

知识点4　文件的基本操作

下面来看一下软件的一些基本操作，包括最基础的新建文件、打开文件，以及保存文件等。

1. 新建文件

使用"新建"命令可以创建出一个新文件。启动Illustrator CS6软件，执行"文件"→"新建"命令或按Ctrl + N快捷键，弹出"新建文档"对话框，如图1-30所示。

提示

新建文件时，按Ctrl + Shift + N快捷键，可打开"从模板新建"对话框，从中可选择软件自带的模板进行设计创作。

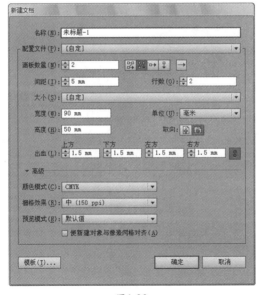

图1-30

对话框中的各项参数如下。

- ◆ 名称：可以在该文本框中输入新建文件的名称，默认状态下为"未标题-1"。
- ◆ 配置文件：选择系统预定的不同尺寸类别。
- ◆ 画板数量：定义视图中画板的数量。当创建2个或2个以上的画板时，可定义画板在视图中的排列方式、间隔距离等选项。
- ◆ 大小：可以在下拉列表中选择软件已经预置好的页面尺寸，也可以在"宽度"和"高度"文本框中自定义文件尺寸。
- ◆ 单位：在下拉列表中选择文档的度量单位，默认状态下为"毫米"。
- ◆ 取向：用于设置新建页面是竖向排列还是横向排列。
- ◆ 出血：可设置出血参数值。当数值不为0时，可在创建文档的同时，在画板四周显示设置的出血范围。
- ◆ 颜色模式：用于设置新建文件的颜色模式。
- ◆ 栅格效果：为文档中的栅格效果指定分辨率。
- ◆ 预览模式：为文档设置默认预览模式，可以使用"视图"菜单更改此选项。

2. 打开文件

启动Illustrator CS6软件，执行"文件"→"打开"命令，或按Ctrl + O快捷键，弹出"打开"对话框，如图1-31所示。在"查找范围"下拉列表框中选择要打开的文件所在的文件夹，选中文件后单击"打开"按钮，即可打开选择的文件。

图1-31

提 示

按Ctrl + Alt + N快捷键，可不通过对话框直接创建出一个新文件，其参数以上次设置的"新建文件"对话框为准。

提 示

准备以较高分辨率输出到高端打印机时，将"栅格效果"选项设置为"高（300ppi）"尤为重要。默认情况下，"打印"配置文件将此选项设置为"高（300ppi）"。

提 示

"新建文档"对话框内的"预览模式"下拉列表中，"默认值"模式是在矢量视图中以彩色显示在文档中创建的图稿，放大或缩小时将保持曲线的平滑度。"像素"模式是显示具有栅格化（像素化）外观的图稿，它不会实际对内容进行栅格化，而是显示模拟的预览，就像内容是栅格一样。"叠印"模式提供油墨预览，模拟混合、透明和叠印在分色输出中的显示效果。

3. 保存文件

当第一次保存文件时，执行"文件"→"存储"命令，或按Ctrl＋S快捷键，弹出"存储为"对话框，如图1-32所示。在对话框中输入要保存文件的名称，设置保存文件的位置和类型。设置完成后，单击"保存"按钮，即可保存文件。

图1-32

提示

当对图形文件进行了各种编辑操作并保存后，再选择"文件"→"存储"命令时，将不弹出"存储为"对话框，而是直接保存最终确认的结果，并覆盖原始文件。

若是既要保留修改过的文件，又不想放弃原文件，则可以执行"文件"→"存储为"命令，或按Ctrl＋Shift＋S快捷键，打开"存储为"对话框，在对话框中可以为修改过的文件重新命名，并可设置文件的路径和类型。设置完成后，单击"保存"按钮，原文件保持不变，修改过的文件被另存为一个新的文件。

4. 关闭文件

执行"文件"→"关闭"命令，或按Ctrl＋W快捷键，可将当前文件关闭。"关闭"命令只有当文件被打开时才呈现为可用状态。

单击文件名称右侧的"关闭" 按钮，也可关闭文件。若当前文件被修改过或是新建的文件，那么在关闭文件的时候就会弹出一个警告对话框，如图1-33所示。单击"是"按钮即可先保存对文件的更改再关闭文件，单击"否"按钮则不保存文件的更改而直接关闭文件。

提示

和Photoshop一样，在Illustrator中新建一个文件且未做任何更改，此时按Ctrl＋W快捷键可直接关闭空白文档。

图1-33

5. 置入文件

执行"文件"→"置入"命令，打开"置入"对话框，如图1-34所示。在对话框中，选择要置入的文件，然后单击"置入"按钮即可将选取的文件置入页面中。

图1-34

对话框中的各项参数含义如下。

- ◆ 链接：选中"链接"选项，被置入的图形或图像文件与Illustrator文档保持独立，最终形成的文件不会太大。当链接的原文件被修改或编辑时，置入的链接文件也会自动修改更新。默认状态下，"链接"选项处于被选择状态。
- ◆ 模板：选中"模板"选项，将置入的图形或图像创建为一个新的模板图层，并用图形或图像的文件名称为该模板命名。
- ◆ 替换：如果在置入图形或图像文件之前，页面中具有被选取的图形或图像，选中"替换"选项，可以用新置入的图形或图像替换被选取的原图形或图像。页面中如果没有被选取的图形或图像文件，"替换"选项不可用。

6. 导出文件

"导出"命令，可以将在软件中绘制的图形导出为多种格式的文件，以便在其他软件中打开并进行编辑处理。执行"文件"→"导出"命令，弹出"导出"对话框，如图1-35所示。在"文件名"文本框中可以重新输入文件的名称；在

提 示

"置入"命令可以将多种格式的图形、图像文件置入Illustrator CS6软件中，文件还可以以嵌入或链接的形式被置入，也可以作为模板文件置入。

提 示

在置入文件时，若不选中"链接"选项，置入的文件会嵌入到Illustrator软件中，形成一个较大的文件；并且当链接的文件被编辑或修改时，置入的文件不会自动更新。

"保存类型"下拉列表中可以设置导出的文件类型，以便在指定的软件系统中打开导出的文件。单击"保存"按钮，弹出一个对话框，设置所需要的选项后，单击"确定"按钮，完成导出操作。

图1-35

提 示

导出文件类型不同，则弹出的导出选项对话框不同。比如常用的Photoshop格式，在导出为PSD格式时，可选中"写入图层"单选按钮，以保留图层，最大程度上保持文件的可编辑性，如下图所示。

知识点5 图形的显示

下面介绍Illustrator CS6中和视图相关的操作，如不同的屏幕显示方式，以及关于视图的基础操作。和图形显示相关的基本操作命令都集中在"视图"菜单下，下面分成几部分介绍。

1. 视图模式

在Illustrator CS6中，绘制图像时可以选择不同的视图模式，即"轮廓"模式、"叠印预览"模式和"像素预览"模式。

- **轮廓模式**

执行"视图"→"轮廓"命令，或按Ctrl + Y快捷键，将切换到"轮廓"模式。在"轮廓"模式下，视图将显示为简单的线条状态，隐藏图像的颜色信息，显示和刷新的速度将比较快。可以根据需要单独查看轮廓线，节省运算速度，提高工作效率。

- **叠印预览模式**

执行"视图"→"叠印预览"命令，将切换到"叠印预览"模式。"叠印预览"模式可以显示出四色套印的效果，接近油墨混合的结果，颜色上比正常模式下要暗一些。

● **像素预览模式**

执行"视图"→"像素预览"命令，将切换到"像素预览"模式。"像素预览"模式可以将绘制的矢量图形转换为位图图像显示，这样可以有效控制图像的精确度和尺寸等，转换后的图像在放大时会看见排列在一起的像素点。

2. 屏幕模式

Illustrator CS6有3种屏幕显示模式，即"正常屏幕模式"、"带菜单栏的全屏模式"和"全屏模式"。

单击工具箱中的"更改屏幕模式" 按钮，可以切换屏幕显示模式；也可以按F键，在不同的屏幕显示模式间进行切换。"正常屏幕模式"是在标准窗口中显示图稿，菜单栏位于窗口顶部，滚动条位于侧面。"带菜单栏的全屏模式"是在全屏窗口中显示图稿，有菜单栏但是没有标题栏或滚动条。"全屏模式"是在全屏窗口中显示图稿，不带标题栏、菜单栏或滚动条，按Tab键可隐藏除图像窗口之外的所有组件。

3. 缩放视图

缩放视图是绘制图形时必不可少的辅助操作，可让读者在大图和细节显示上进行切换。

● **适合窗口大小**

绘制图像时，执行"视图"→"画板适合窗口大小"命令，或按Ctrl + 0快捷键，图像就会最大限度地全部显示在工作界面中并保持其完整性。

● **实际大小**

执行"视图"→"实际大小"命令，或按Ctrl + 1快捷键，可以将图像按100%的效果显示。

● **放大**

执行"视图"→"放大"命令，或按Ctrl + +快捷键，页面内的图像就会被放大。也可以使用"缩放工具" 放大显示图像。选择"缩放工具" ，指针会变为一个中心带有加号的放大镜，单击鼠标，图像就会被放大。也可以使用状态栏放大显示图像，在状态栏中的百分比参数栏中选择比例值，或者直接输入需要放大的百分比数值，按Enter键即可执行放大操作。还可以使用"导航器"面板放大显示图像，单击面板下端滑动条右侧的三角图标，可逐级放大图像；拖动三角形滑块可以任意将图像放大；在左下角数值框中直接输入数值，按Enter键也可以放大图像。

● **缩小**

执行"视图"→"缩小"命令，或按Ctrl + -快捷键，页面内的图像就会被缩小。也可以使用"缩放工具" 缩小显

知 识

不同的预览模式如下图所示。

轮廓模式

叠加预览模式

像素预览模式

示图像，选择"缩放工具" 后，按住Alt键，图标变为缩小图标，单击鼠标左键，图像就会被缩小。也可使用状态栏或"导航器"面板来实现视图的缩小操作，方法同放大图像的操作相似。

4. 移动页面

单击"抓手工具" 🖐，按住鼠标左键直接拖动可以移动页面。在使用除"缩放工具" 🔍 以外的其他工具时，可以按住空格键在页面按住鼠标左键，此时将切换至"抓手工具" 🖐，拖动鼠标即可移动页面。可以使用窗口底部或右部的滚动条来控制窗口中显示的内容。

5. 标尺、参考线和网格

绘制图形时，使用标尺可以对图形进行精确定位，还可以测量图形的准确尺寸；辅助线可以确定对象的相对位置。标尺和辅助线不会被打印输出。

● 标尺

执行"视图"→"标尺"→"显示标尺"命令，或按Ctrl + R快捷键，当前图形文件窗口左侧和上侧会出现两个带有刻度的标尺（X轴和Y轴）。两个标尺相交的零点位置是标尺零点，默认情况下，标尺的零点位置在画板的左上角。标尺零点可以根据需要而改变，将鼠标指向视图中左上角标尺相交的位置，按住并向右下方拖曳，会出现两条十字交叉的虚线，调整到目标位置后释放鼠标，新的零点位置就设定好了。

● 参考线

在绘制图形的过程中，参考线有助于将图形进行对齐。参考线分为普通参考线和智能参考线，普通参考线又分为水平参考线和垂直参考线。

执行"视图"→"参考线"→"隐藏参考线"命令或按Ctrl + ；快捷键，可以隐藏参考线。

执行"视图"→"参考线"→"锁定参考线"命令，可以锁定参考线。

执行"视图"→"参考线"→"清除参考线"命令，可以清除所有参考线。

如果需要，也可以将图形或路径转换为参考线。选中要转换的路径，执行"视图"→"参考线"→"建立参考线"命令，可将选中的路径转换为参考线。

● 网格

网格是一系列交叉的虚线或点，可以精确对齐和定位对象。执行"视图"→"显示网格"命令，可显示出网格。执行"视图"→"隐藏网格"命令，可将网格隐藏。

提 示

用鼠标在水平标尺或垂直标尺上右击，会弹出如下图所示的度量单位菜单，直接选择需要的单位，也可更改标尺单位。水平标尺与垂直标尺不能分别设置不同的单位。

提 示

双击标尺零点标记，可将标尺零点恢复到画板左上角的默认位置。

Ai 独立实践任务

任务2 设计制作名片

🖥 任务背景

恒宇图书策划公司为宣传自身队伍、提升公司形象，委托本公司为其员工设计制作名片，其效果如图1-36所示。

🖥 任务要求

画面为名片标准尺寸，以淡雅的色调为主，突出文化气息。

图1-36

🖥 任务分析

画面使用线描的花朵作为主体装饰，通过简洁、素雅的画面设计来提升公司的形象。

🖥 操作步骤

一、填空题

1. Adobe Illustrator是一个_____绘图软件。

2. 在Illustrator CS6软件中，常用的颜色模式有_____和_____。

3. Illustrator CS6软件中的_____位于界面左侧，包含了一些常用的图像处理工具及图像编辑工具。

4. _____文件格式是Adobe 公司定制的矢量图形格式，是Illustrator的专用文件格式，用于记录不同的线条组成的图形文件。

二、选择题

1. 按以下哪个快捷键可以新建文件？（　　）
   A. Ctrl + A
   B. Ctrl + O
   C. Ctrl + N
   D. Ctrl + S

2. 图像分辨率的单位是（　　）。
   A. dpi
   B. lpi
   C. ppi
   D. pixel

3. 下列关于标尺和参考线的描述，不正确的是（　　）。
   A. 将光标放到水平或垂直标尺上，按住鼠标，从标尺上拖出参考线到页面上，一旦将参考线放到某个位置，就再也不能移动
   B. 参考线的颜色可以任意更改
   C. 路径和参考线之间可以任意转化
   D. 在默认状态下，参考线是被锁定的，可以通过菜单命令解除参考线的锁定状态，解除锁定后的参考线可以通过"释放参考线"命令将参考线转化为路径

4. 以下关于Illustrator的描述，不正确的是（　　）。
   A. Illustrator是Adobe公司研发的大型平面设计应用软件
   B. Illustrator是一个向量式的绘图软件，所绘制的图形不受分辨率的影响
   C. Illustrator可以直接打开Photoshop格式的文件，也可以保存为Photoshop格式的文件
   D. 用Illustrator可以快速精确地制作出彩色和黑白的图形

模 块
02 设计制作准入证
——基本图形的绘制与编辑

任务参考效果图：

能力目标：

1. 能使用工具绘制图形
2. 可以自己设计制作个性化的证件

软件知识目标：

1. 掌握矩形工具和椭圆工具的使用方法
2. 掌握直线段工具的使用方法

专业知识目标：

1. 掌握Illustrator基本工具的应用
2. 了解"路径查找器"面板的使用方法
3. 掌握基本图形的绘制方法

课时安排：

2课时（讲课1课时，实践1课时）

Ai 模拟制作任务

任务1 参展准入证的设计

🖳 任务背景

某儿童服饰公司近期将要举行夏季儿童服饰展示会，委托本公司为其设计制作参展商要佩戴的准入证。

🖳 任务要求

该准入证的画面要生动形象，色彩的搭配要符合儿童的审美观，图形的设计要尽量简洁，以卡通形象为主。

🖳 任务分析

为了制作出符合儿童产品使用范畴的用品，该准入证别出心裁地将一个卡通形象的头部作为画面的主体形象，通过一些基本绘图工具将其创建出来。

🖳 最终效果

本任务最终效果文件在"光盘:\素材文件\模块02"目录下，操作视频在"光盘:\操作视频\模块02"目录下。

🖳 任务详解

STEP 01 执行"文件"→"新建"命令，创建一个新文件，如图2-1所示。

STEP 02 使用"矩形工具" ▣ 在视图中单击，参照图2-2，在弹出的"矩形"对话框中进行设置，然后单击"确定"按钮，创建矩形。

STEP 03 在控制面板中单击"对齐画板" ▣▼ 按钮，然后单击"水平居中对齐" ▣ 和"垂直居中对齐" ▣ 按钮，使矩形与画板对齐，如图2-3所示。

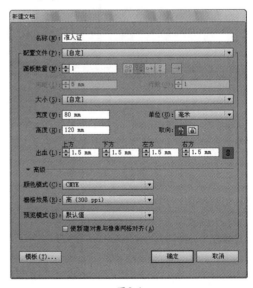

图2-1

图2-2

图2-3

STEP 04 在工具箱的底部双击"填色"按钮，打开"拾色器"对话框，为矩形填充颜色，如图2-4所示。设置完毕关闭对话框，再单击"描边"按钮，单击下方的"无"按钮，取消轮廓线的填充。

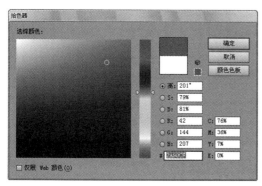

图2-4

STEP 05 在"图层"面板中将图形锁定，如图2-5所示。

STEP 06 使用"椭圆工具" 绘制圆形，并设置其颜色为白色，无轮廓色，如图2-6

所示。

图2-5

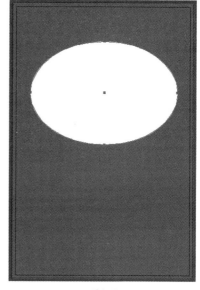

图2-6

STEP 07 继续使用"椭圆工具" 绘制圆形，为圆形添加3pt的黑色轮廓填充，并将中间的圆设置为红色，如图2-7所示。

图2-7

STEP 08 使用"直线段工具" ✎ 绘制卡通人物的胡须，如图2-8所示。

图2-8

STEP 09 选择工具箱中的"选择工具" ▶，按住Shift键，依次单击绘制的胡须直线，以选中这些线段，在控制面板中将"描边"宽度设置为3pt，如图2-9所示。

图2-9

STEP 10 使用"钢笔工具" ✎ 绘制路径，如图2-10所示，并设置路径宽度为3pt。

图2-10

STEP 11 使用"钢笔工具" ✎ 绘制路径，如图2-11所示，设置颜色为白色，无轮廓色填充。

图2-11

STEP 12 最后使用"文字工具" T 在视图中输入文本，完成该实例的制作，最终效果如图2-12所示。

图2-12

Ai 知识点拓展

知识点1　绘制基本图形

Illustrator工具箱中为用户提供了多个绘制基本图形的工具，如"矩形工具" ▣ 、"圆角矩形工具" ▣ 、"椭圆工具" ▣ 等，利用这些工具可以绘制出简单的矩形、圆角矩形、圆形等图形。

1. 矩形工具

使用工具箱中的"矩形工具" ▣ 可以创建出简单的矩形，还可以通过该工具的对话框精确地设置矩形的宽度和高度。

- 使用矩形工具绘制矩形

首先单击工具箱中的"矩形工具" ▣ ，然后移动光标至页面当中，指针将变成"+"的形状，确定矩形的起点位置，然后按住鼠标左键向任意倾斜方向拖动，页面中将会出现一个蓝色的外框随着鼠标的拖动而改变大小和形状。当松开鼠标按键，完成矩形的绘制。此时矩形将处于被选状态，如图2-13所示。蓝色的矩形选择框显示的就是矩形的大小，用户拖动的距离和角度将决定它的宽度和高度。

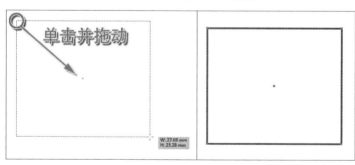

图2-13

- 配合键盘绘制矩形

在绘制矩形时，可配合键盘上的一些按键进行。选择工具箱中的"矩形工具" ▣ ，移动光标至页面当中，然后按住Alt键，光标将变成"⊞"形状，拖动鼠标即可绘制出以中心点向外扩展的矩形。

- 精确绘制矩形

通过"矩形"对话框可以精确控制矩形的高度和宽度，具体的操作步方法如下。

首先选择工具箱中的"矩形工具" ▣ ，然后移动光标

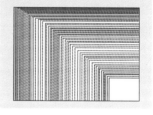

至页面中的任意位置并单击鼠标，此时将弹出"矩形"对话框，如图2-14所示。单击"确定"按钮后，就会根据用户所设置的参数值，在页面中显示出相应大小的矩形，单击"取消"按钮，将关闭对话框并取消绘制矩形的操作。

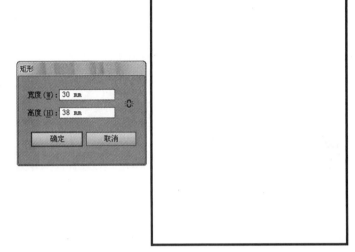

图2-14

2. 圆角矩形工具

选择"圆角矩形工具"，可以直接在工作页面上拖动鼠标绘制圆角矩形。要绘制精确的圆角矩形，选择"圆角矩形工具"后在页面中单击，弹出如图2-15所示的"圆角矩形"对话框，在"宽度"和"高度"文本框中输入数值，在"圆角半径"文本框中输入圆角半径值，按照定义的大小和圆角半径绘制圆角矩形图形。

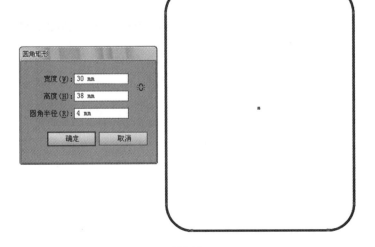

图2-15

知 识

在"矩形"对话框中，用户可以根据需要在"宽度"和"高度"文本框中设置矩形的宽度和高度，它们可设置的参数值都在0~5779mm之间。

技 巧

绘制椭圆形的过程中按住Shift键，可以绘制正圆形，如下图所示。

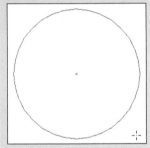

按住Alt + Shift键，可以绘制以起点为中心的正圆形，如下图所示。

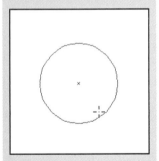

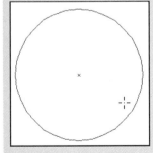

3. 椭圆工具

选择"椭圆工具" ，在工作页面上拖动鼠标可绘制椭圆形。或在页面中单击，弹出"椭圆"对话框，在"宽度"和"高度"文本框中输入数值，按照定义的大小绘制椭圆形。

4. 多边形工具

"多边形工具" 绘制的多边形都是规则的正多边形。要绘制精确的多边形图形，选择"多边形工具" 后在页面中单击，弹出如图2-16所示的"多边形"对话框，在"半径"文本框中输入多边形的半径大小，在"边数"文本框中设置多边形边数，可以按照定义的半径大小和边数绘制多边形图形。

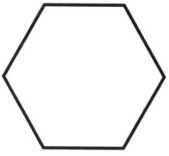

图2-16

5. 星形工具

使用"星形工具" 可以绘制不同形状的星形图形。选择该工具后在页面中单击，可弹出如图2-17所示的"星形"对话框，在"半径1"文本框中设置所绘制星形图形内侧点到星形中心的距离，在"半径2"文本框中设置所绘制星形图形外侧点到星形中心的距离，在"角点数"文本框中设置所绘制星形图形的角数。

图2-17

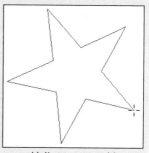

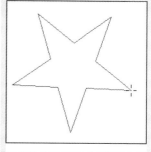
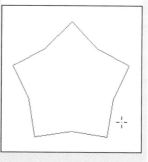

知识点2　手绘图形

"铅笔工具" 用于绘制开放路径和闭合路径,就像用铅笔在纸上绘图一样,这对于快速素描或创建手绘外观最有用。"平滑工具" 可以对路径进行平滑处理,而且将尽可能地保持路径的原始状态。"路径橡皮擦工具" 用来清除路径或笔画的一部分。

1. 铅笔工具

"铅笔工具" 不论是绘制开放的路径还是封闭的路径,都像在纸张上绘制一样方便。

如果需要绘制一条封闭的路径,选中该工具后,在绘制开始以后就一直按住Alt键,直至绘制完毕。在工具箱中双击"铅笔工具" ,会弹出如图2-18所示的"铅笔工具选项"对话框,设置后单击"确定"按钮即可。

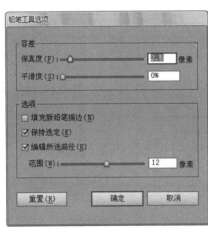

图2-18

2. 平滑工具和路径橡皮擦工具

如果要使用"平滑工具" ,则要保证处理的路径处于被选中的状态,然后在工具箱中选择该工具,在路径上平滑的区域内拖动,如图2-19所示。

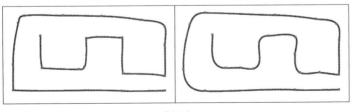

图2-19

如果要使用"路径橡皮擦工具" ,则要保证处理的路径处于被选中的状态,然后在工具箱中选择该工具,清除路径或笔画的一部分,效果如图2-20所示。

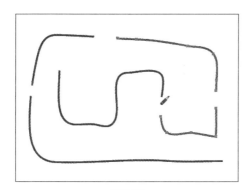

图2-20

知识点3 光晕工具

使用"光晕工具"![img]可以很方便地绘制出光晕效果。双击工具箱中的"光晕工具"![img]，也可以在选择"光晕工具"![img]的前提下按Enter键，或在页面中单击，都可弹出如图2-21所示的"光晕工具选项"对话框。选择"光晕工具"![img]后可以直接在工作页面上拖动鼠标确定光晕效果的整体大小。释放鼠标后，移动鼠标至合适位置，确定光晕效果的长度，单击即可完成光晕效果的绘制。

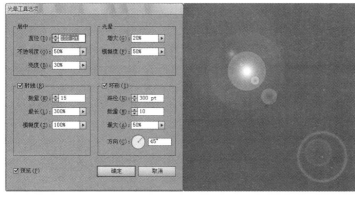

图2-21

知识点4 线形工具

线形工具是指"直线段工具"![img]、"弧形工具"![img]、"螺旋线工具"![img]、"矩形网格工具"![img]、"极坐标网格工具"![img]，使用这些工具可以创建出线段组成的各种图形。

1.直线段工具

使用"直线段工具"![img]可以在页面上绘制直线。选择该工具后，在视图中单击并拖动鼠标，松开鼠标左键后完成直线段的绘制。

2. 弧线工具

选择"弧形工具" ![弧形图标] 后可以直接在工作页面上拖动鼠标绘制弧线。如果要精确绘制弧线，选择"弧形工具" ![弧形图标] 后在页面中单击，弹出如图2-22所示的"弧线段工具选项"对话框，设置后单击"确定"按钮即可。

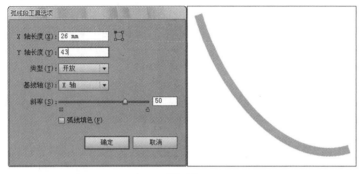

图2-22

3. 螺旋线工具

"螺旋线工具" ![螺旋线图标] 可以绘制螺旋形。选择该工具后在页面中单击，弹出如图2-23所示的"螺旋线"对话框，单击"确定"按钮即可。

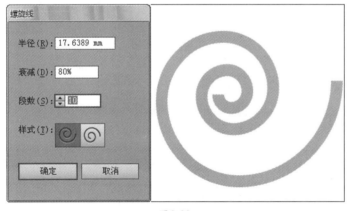

图2-23

4. 矩形网格工具

"矩形网格工具" ![矩形网格图标] 可以创建矩形网格。选择该工具后在页面中单击，打开如图2-24所示的"矩形网格工具选项"对话框，设置后单击"确定"按钮即可。

5. 极坐标网格工具

使用"极坐标网格工具" ![极坐标网格图标] 可以绘制类似同心圆的放射线效果。选择"极坐标网格工具" ![极坐标网格图标] 后在页面中单击，弹出如图2-25所示的"极坐标网格工具选项"对话框，设置后单击"确定"按钮即可。

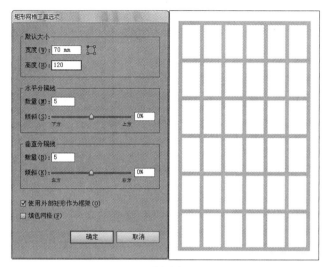

图2-24

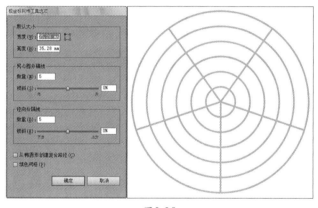

图2-25

知识点5　编辑图形

一次绘制的图形往往不能够满足需要的效果，还需要利用其他工具对图形进行加工和编辑，如图2-26所示。

图2-26

01
02
03
04
05
06
07
08
09
10
11

绘制一个圆形，选择"直接选择工具" 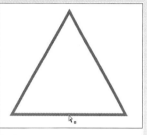 显示节点，然后选择"剪刀工具" ，先单击第一个节点，再单击第二个节点，可进行剪断，如下图所示。

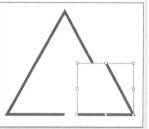

"刻刀工具" 将图形对象像切蛋糕一样切分为一到多个部分，美工刀工具应用的所有对象都将变为曲线对象。

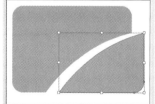

1. 剪刀工具

"剪刀工具" ✂用于在特定点剪切路径，使用"剪刀工具" ✂在一条路径上单击，可以将一条开放的路径分成两条，或者将一条闭合的路径拆分成一条或多条开放的路径。如果单击路径的位置位于一段路径的中间，则单击的位置上会有两个重合的新节点，如果在一个节点上单击，则在原来的节点上面又将出现一个新的节点。对于剪切后的路径，可以使用"直接选择工具" ▶或"转换锚点工具" ▶进行进一步的编辑。

2. 宽度工具组

宽度工具组中的工具主要是对路径图形进行变形操作，从而使图形的变化更加多样化。当选中该组中除"宽度工具"以外的某个工具时，双击该工具图标都会弹出相应的选项对话框，如图2-27所示。

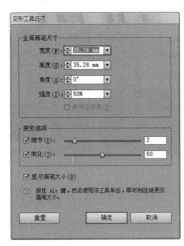

图2-27

宽度工具组中包括8个工具，下面对它们进行介绍。

● **宽度工具**

"宽度工具" 🖊用来对曲线的编辑进行调整。"宽度工具"可在曲线上的任意点添加锚点，单击拖动锚点即可更改曲线的宽度，如图2-28所示。在改变图形的宽度时也可以将线条变窄，将图形调整为自己想要的效果，如图2-29所示。

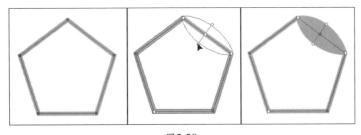

图2-28

提 示

"橡皮擦工具" 🧽可以删除对象中不再需要的部分，当擦除中影响了对象的路径时，橡皮擦工具会自动做出调整，所有使用了"橡皮擦工具" 🧽的对象边缘都将转变为平滑对象。

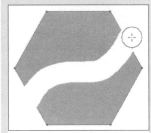

知 识

"变形工具选项"对话框中选项功能如下。

● 宽度与高度：笔刷的大小。

● 角度：笔刷的角度。

● 强度：笔刷的强度。

● 细节：控制对变形细节的处理，数值越大处理结果越细腻，数值越小处理结果越粗糙。

● 简化：变形过程中产生大量节点，可按照此处的设定对节点进行简化，以减低对象的复杂程度。

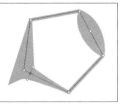

图2-29

- 变形工具

　　"变形工具"用手指涂抹方式对矢量线条进行变形，如图2-30所示。还可以对置入的位图图形进行变形，得到有趣的效果，如图2-31所示。

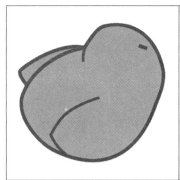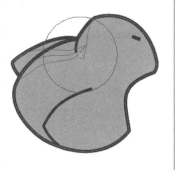

图2-30

图2-31

- 旋转扭曲工具

　　"旋转扭曲工具"用于对图形进行旋转扭曲变形，其作用区域和力度由预设参数决定。

- 缩拢工具

　　"缩拢工具"用于对图形进行挤压收缩变形，其作用区域和力度由预设参数决定，如图2-32所示。

- 膨胀工具

　　"膨胀工具"用于对图形进行扩张膨胀变形。

- 扇贝工具

　　"扇贝工具"用于对图形产生细小的褶皱状变形，如图2-33所示。

01
02
03
04
05
06
07
08
09
10
11

图2-32

图2-33

- ● 晶格化工具

"晶格化工具"可以向对象的轮廓添加随机锥化的细节，产生细小的尖角和凸起的变形效果，如图2-34所示。

图2-34

- ● 皱褶工具

"皱褶工具"可以向对象的轮廓添加类似于皱褶的细节，产生局部碎化的变形效果。

3. 使用"路径查找器"面板

使用"路径查找器"面板中的按钮命令，可以改变不同对象之间的相交方式。执行"窗口"→"路径查找器"命令，即可打开"路径查找器"面板，如图2-35所示。

📌 提示

使用"膨胀工具"编辑图形的效果如下图所示。

📌 提示

使用"皱褶工具"编辑图形的效果如下图所示。

图2-35

下面详细说明这些命令的使用方法及效果。

- ◆ "联集" ▣：可以将两个或多个路径对象合并成一个图形，效果如图2-36所示。

图2-36

- ◆ "减去顶层" ▣：它将从最后面的对象中减去与前面的各对象相交的部分，而前面的对象也将被删除。
- ◆ "交集" ▣：它将保留所选对象的重叠部分，而删除不重叠的部分，从而生成一个新的图形，保留部分的属性与最前面的图形保持一致，效果如图2-37所示。

图2-37

- ◆ "差集" ▣：可以将两个或多个路径对象重叠的部分删除，并将选中的多个对象组合为一个新的对象。
- ◆ "分割" ▣：可以将两个或多个路径对象重叠的部分独立开来，从而将所选择的对象分割成几部

提 示

"减去顶层"效果如下图所示。

差集效果如下图所示。

修边效果如下图所示。

分，重叠部分属性以前面对象的属性为准，效果如图2-38所示。编辑过后的对象被群组，查看时需解除群组状态。

图2-38

- "修边" ▣：它能够用前面的对象来修剪后面的对象，从而使后面的对象发生形状上的改变，并且能够取消对象的轮廓线属性，所有的对象将保持原来的颜色不变。编辑过后的对象被群组，查看时需解除群组状态。

- "合并" ▣：如果所选对象的填充和轮廓线属性相同，它们将组合为一个对象；如果它们的属性不同，则该按钮命令与"修边" ▣所产生的结果是相同的。

- "裁剪" ▣：它将保留对象重叠的部分，而删除其他部分，并且能够取消轮廓线属性，保留部分的属性将应用最后面对象的属性。

- "轮廓" ▣：它将只保留所选对象的轮廓线，而且轮廓颜色改为对象的填充颜色，宽度也变成0 pt。

- "减去后方对象" ▣：它用后面的对象来修剪前面的对象，并且删除后面的对象和两个对象将重叠的部分，保留部分的属性与最前面的对象的属性保持一致，效果如图2-39所示。

图2-39

任务2　设计制作书籍配图

📟 任务背景

为某散文书籍制作正文中所需要的配图，效果如图2-40所示。

图2-40

📟 任务要求

画面简单、色彩淡雅，要和散文的文字特点结合。

📟 任务分析

画面以暖色调为主色调，造型简洁、颜色变化相似的花朵作为主要的装饰对象，凸显淡雅的画面风格。

📟 操作步骤

一、填空题

1. 通常运用"_____工具",是为了对图形进行装饰和美化,因为它能够绘制出不同类型的星光效果。

2. 使用"多边形工具"时,程序默认的是_____边形,用户可根据需要将其边数值进行设置。

3. 路径可分为_____和_____。

4. 在绘制弧线的过程中,按_____键或_____键,可将正在绘制的弧线进行翻转。

二、选择题

1. 当使用"椭圆工具"时,按住下列哪个键就可绘制出正圆形?(　　)

A. Shift

B. Tab

C. Ctrl

D. Alt

2. 下列关于工具箱中"钢笔工具"的描述,不正确的是(　　)。

A. 默认情况下,使用"钢笔工具"在路径上任意锚点上单击,可删除此锚点

B. 默认情况下,使用"钢笔工具"在路径上任意位置单击,可增加一个锚点

C. "钢笔工具"可改变曲线锚点上方向线的方向

D. "钢笔工具"可用来绘制直线路径和曲线路径

3. 当使用"星形工具"时,按住下列哪个键就可在绘制的过程中进行移动?(　　)

A. Shift

B. Tab

C. Ctrl

D. Alt

4. 当使用"多边形工具"时,按住下列哪个键就可以使某一边在拖拉鼠标绘制的过程中始终保持水平状态?(　　)

A. Alt

B. Shift

C. Ctrl

D. 空格键

模 块

03 设计制作儿童书籍插画
——绘制和编辑路径

任务参考效果图：

能力目标：

1. 能使用"钢笔工具"绘制图像
2. 学会设计制作书籍插画

软件知识目标：

1. 掌握"钢笔工具"的使用方法
2. 掌握"画笔工具"的使用方法
3. 掌握"画笔"面板的使用方法

专业知识目标：

1. 关于路径的专业知识
2. 熟练绘制各种路径形状
3. 掌握"扩展"命令的使用

课时安排：

2课时（讲课1课时，实践1课时）

任务1　儿童图书插画设计

📺 任务背景

某出版社要出版一本关于儿童成长的书画集，书中以图文结合的方式，讲述了儿童在成长过程中所经历的一些事情。为了配合文字说明，需要绘制书籍插画。

📺 任务要求

要求内容健康、积极向上，色彩要明亮、活泼，内容符合儿童的审美情趣，能够引发孩子内心的共鸣。

📺 任务分析

为了达到客户的要求，该插画的背景采用不同色彩的色块斜切组成，代表了当代儿童多彩、丰富的生活。然后主体画面采用拟人化的手法，绘制了一只拿着冰激凌的小象形象，该小象图形一只手拿着冰激凌，一只手插在口袋里，表现了一种轻松、愉悦的氛围，以此来达到吸引儿童目光的效果。

📺 最终效果

本任务最终效果文件在"光盘:\素材文件\模块03"目录下，操作视频在"光盘:\操作视频\模块03"目录下。

📺 任务详解

STEP**01** 执行"文件"→"新建"命令，创建一个新文件，如图3-1所示。

STEP**02** 使用工具箱中的"矩形工具" ，在视图中绘制橘红色矩形，如图3-2所示。

STEP**03** 选择工具箱中的"选择工具" ，移动光标到矩形的一个角控制柄外侧，将图形旋转，并移动到如图3-3所示的位置。

STEP**04** 将绘制的矩形复制，铺满整个背景，如图3-4所示。

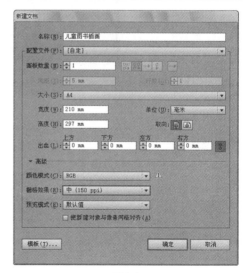

图3-1

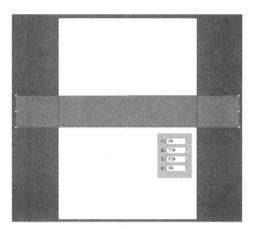

图3-2

图3-3

图3-4

STEP 05 分别选中各个矩形，并更改它们的颜色，如设置从橘红到蓝色的不同颜色，如图3-5所示。

图3-5

STEP 06 继续使用"矩形工具" 在视图中绘制与视图大小相同的矩形，效果如图3-6所示。

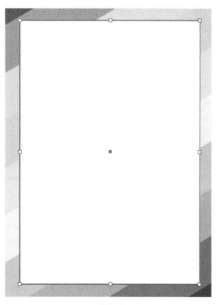

图3-6

STEP 07 使用"选择工具" 选中所有绘制的图形，在视图中右击，在弹出的菜单中执行"建立剪切蒙版"命令，创建出如图3-7所示的效果。

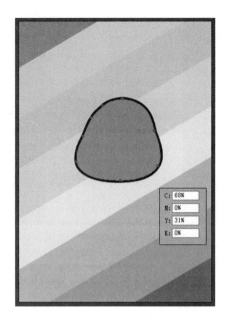

图3-9

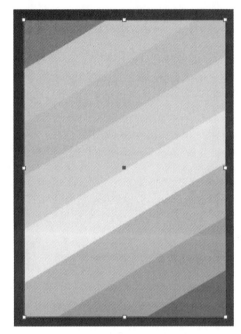

图3-7

STEP 08 在"图层"面板中，将创建的剪切蒙版图形锁定，如图3-8所示。

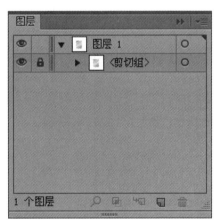

图3-8

STEP 09 选择工具箱中的"钢笔工具" ，在视图中绘制卡通小象的头部图形，如图3-9所示。

STEP 10 再绘制出耳朵和鼻子图形，其中鼻子图形不添加轮廓线填充，如图3-10所示。

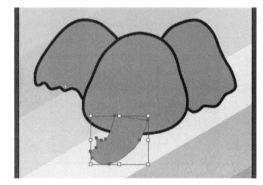

图3-10

STEP 11 在视图中绘制多个黑色的封闭图形，创建出小象的其他细节图形，如图3-11所示。

图3-11

STEP 12 参照图3-12，继续将其余部分绘制完毕。

STEP 13 使用工具箱中的"椭圆工具" 🔘 在视图中绘制黑色圆环，如图3-13所示。

图3-13

STEP 14 保持圆环为选中状态，选择工具箱中的"路径橡皮擦工具" 🔘 ，擦除部分路径，完成该实例的制作，最终效果如图3-14所示。

图3-12

图3-14

知识点1　路径的概念

路径是构成图形的基础，任何复杂的图形都是由路径绘制而成。而复合路径是编辑路径时的一种方法，通过这种方法可以得到形状更加复杂的图形。

1. 路径

路径与节点是矢量绘图软件中最基本的组成元素，读者可使用自由路径绘制工具创建各种形状的路径，然后通过对路径上的节点或者其他组件对路径进一步编辑，以此来达到创建的要求，如图3-15所示。

图3-15

● 开放路径和闭合路径

在Illustrator中的路径有两种类型。一种是开放路径，它们的端点没有连接在一起，在对这些路径进行填充时，可在该路径的两个端点假定一条连线，从而形成闭合的区域，比如圆弧和一些自由形状的路径。

另一种是闭合路径，它们没有起点或终点，能够对其进行填充和轮廓线填充，如矩形、圆形或多边形等，如图3-16所示。

● 路径的组成

路径由锚点和线段组成，用户可通过调整一个路径上的锚点和线段来更改其形状，如图3-17所示。

提 示

用户可以将路径的默认轮廓样式更改为任何轮廓类型，包括无轮廓。但是，无轮廓的路径在线框视图中是可见的。

知 识

路径是指由各种绘图工具所创建的直线、曲线或几何形状对象，它是组成所有图形和线条的基本元素。路径由一个或多个路径组件，即由节点连接起来的一条或多条线段的集合构成。

知 识

理论上路径没有宽度和颜色，当它被放大时，不会出现锯齿现象，当对路径添加轮廓线后，它才具有宽度和颜色。默认状态下，路径显示为黑色的细轮廓，这使用户可以清晰地观察所创建的路径。

图3-16

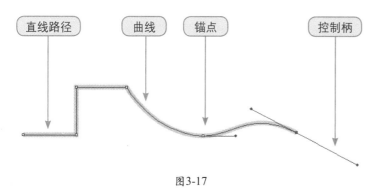

图3-17

2. 复合路径

当用户将两个或多个开放或者闭合路径进行组合后，就会形成复合路径。在使用时，经常要用复合路径来组成比较复杂的图形，如图3-18所示。

图3-18

将对象定义为复合路径后，复合路径中的所有对象都将应用堆叠顺序中最后的对象的颜色和样式属性，如图3-19所

知 识

控制柄和控制点的位置决定曲线段的长度和形状。调整控制柄将改变路径中曲线段的形状。通过改变控制点的角度及其与节点之间的距离，可以控制曲线段的曲率。

知 识

锚点：锚点是路径上的某一个点，它用来标记路径段的端点。通过对锚点的调节，可以改变路径段的方向。当一个路径处于被选状态时，它会显示所有的锚点。

线段：线段是指一个路径上两锚点之间的部分。

端点：所有的路径段都以锚点开始和结束，整个路径开始和结束的锚点，叫做路径的端点。

控制柄：在一个曲线路径上，每个选中的锚点都显示一个或两个控制柄，控制柄总是与曲线上锚点所在的圆相切，每一个控制柄的角度决定了曲线的曲率，而每一个控制柄的长度将决定曲线的弯曲的高度和深度。

控制点：控制柄的端点称为控制点，处于曲线段中间的锚点将有两个控制点，而路径的末端点只有一个控制点，控制点可以决定线段在经过锚点时的曲率。

示。选中两个以上的对象，右击鼠标，在弹出的快捷菜单中执行"建立复合路径"命令，即可创建出复合路径。

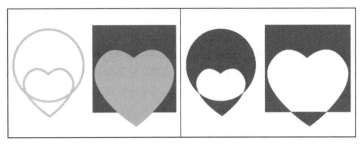

图3-19

知 识

复合路径包含两个或多个已填充颜色的路径，因此在路径重叠处将呈现镂空透明状态，如下图所示。

知识点2　绘制路径

使用自由路径绘制工具，就像我们平常用笔在纸上作画一样，具有很大的灵活性，所绘制出的路径称为贝塞尔曲线，这些路径可以构成某些复杂图形的外轮廓。

1. 路径和锚点

路径是由两个或多个锚点组成的矢量线条，在两个锚点之间组成一条线段，在一条路径中可能包含若干条直线线段和曲线线段，通过调整路径中锚点的位置及调节柄的方向和长度可以调整路径的形态，因此利用路径工具可以绘制出任意形态的曲线或图形。图3-20所示为路径构成说明图。

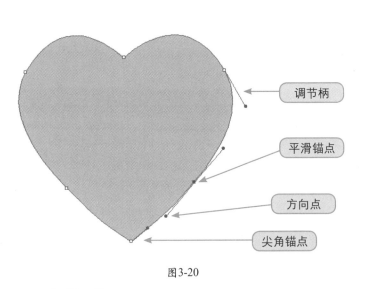

调节柄

平滑锚点

方向点

尖角锚点

图3-20

提 示

再次单击"钢笔工具" ，或者单击其他工具，可以终止当前路径的绘制。

2. 钢笔工具

"钢笔工具" 绘制直线的方法非常简单，只要使用工具在起点和终点处单击就可以了，按住Shift键可以绘制水平或垂直的直线路径，如图3-21所示。

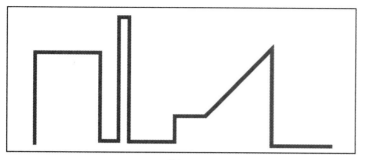

图3-21

"钢笔工具" 绘制曲线是一项较为重要的操作，单击后释放鼠标，得到的是直线型的节点。单击并拖动后释放得到的是平滑型节点，调整其调节柄的长度和方向，都可以影响两个节点间曲线的弯曲程度，如图3-22所示。

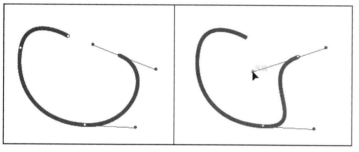

图3-22

3. 添加、删除和转换锚点工具

选择"添加锚点工具" ，然后将光标移动到锚点以外的路径上单击，将在路径上单击的位置添加一个新锚点，如图3-23所示。

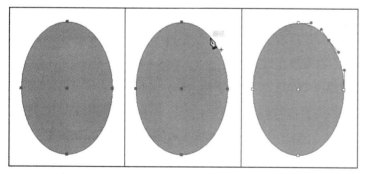

图3-23

选择"删除锚点工具" ，在路径中的任意锚点上单击，即可将该锚点删除，删除节点后的路径会自动调整形状，如图3-24所示。

选择"转换锚点工具" ，可以改变路径中锚点的性质。在路径的平滑点上单击，可以将平滑点变为尖角锚点。在尖角锚点上按住鼠标左键进行拖动，可以将尖角锚点转化

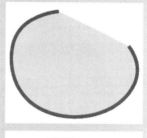
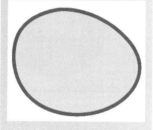

为平滑点，如图3-25所示。

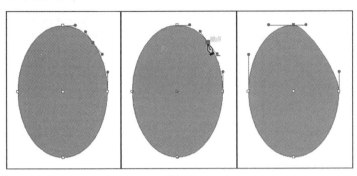

图3-24

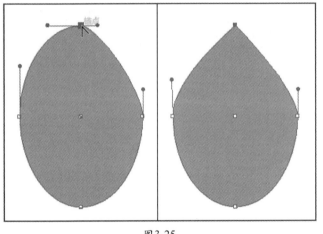

图3-25

知识点3　编辑路径

当创建一个自由形状的路径时，除了对节点进行编辑之外，大多数情况下还是使用有关路径编辑的命令，来对路径进行相关的修整。

1.延伸或者连接开放路径

当用户需要在原有的开放路径上继续编辑时，可以使用"钢笔工具" 来扩展该路径。从工具箱中选择"钢笔工具" ，将鼠标指针移动到需要延伸的开放路径的一个端点，这时在"钢笔工具" 的右下方会出现"/"标志，表明当前可以延伸该路径。单击这个端点，该路径就会被激活，用户就可对它进行延伸和编辑。

如果要将路径连接到另一个开放路径，可将鼠标移动到另一个路径的端点，这时钢笔工具右下方会出现一个未被选择的节点标志，表明当前可以进行路径的连接，单击即可将这两个路径连接。

提　示

使用"钢笔工具" 可以延伸开放的路径，如下图所示。

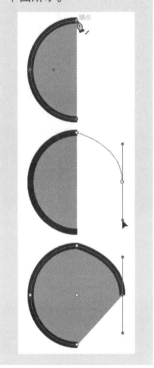

提　示

使用"钢笔工具" 可以连接路径端点，如下图所示。

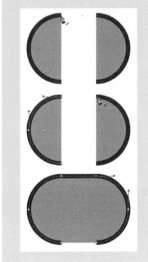

2. 连接路径端点

使用"连接"命令可以将两个开放路径的两个端点连接起来,形成一个闭合路径,它也可以将一个开放路径的端点连接起来。

具体操作步骤如下。

STEP01 如果连接一个开放路径中的两个端点,可先选择该路径,然后执行"对象"→"路径"→"连接"命令,这两个端点会连接在一起,生成一个闭合路径。

STEP02 如果连接的是两个开放路径的端点,可使用"直接选择工具" 选中所要连接的端点。

STEP03 执行"连接"命令,这两个开放路径的两个端点就会连接在一起。

3. 简化路径

使用"简化"命令可以减少路径上的节点,并且不会改变路径的形状。

选中需要简化的路径,执行"对象"→"路径"→"简化"命令,弹出"简化"对话框,如图3-26所示。在这个对话框中包括两个选项组,即"简化路径"选项组和"选项"选项组,设置后单击"确定"按钮即可。

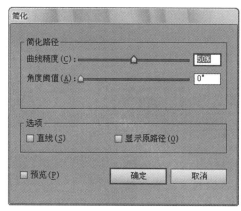

图3-26

4. 使用再成形工具

使用"整形工具" 能够在保留路径的一些细节的前提下,通过改变一个或多个节点的位置,或者调整部分路径的形状,改变路径的整体形状。

当使用"整形工具"选择一个节点后,它周围将出现一个小正方形,在调整节点时,如果拖动所选择的节点,则周围的节点会随着拖动有规律地弯曲,而未选择的节点会保持原来的位置不变。

当需要使用该工具时,可参照下面的步骤进行操作。

知识

"简化"对话框中选项的含义如下。

● 曲线精度:用来设置路径的简化程度,取值范围为0%~100%,设置的百分比越高,所减去的节点就越少;反之,将只保留关键的节点,而将别的节点删除。

● 角度阈值:用来控制角的平滑程度,可调整范围为0~180°。如果角点的度数小于角度阈值,则这个角点不会改变,它可以用来保持角的尖锐度,即使转换精确度很低;但如果一个角点的度数超过所设置的角度阈值,则所选择的路径会被删除。

● 直线:选择该复选框,所选择的路径的节点之间会生成直线,也就是说如果选择的是曲线段,将会变成直线段。

● 显示原路径:选择该复选框,在简化后的路径前面会显示原来路径的轮廓。

STEP 01 使用"直接选择工具" 将需要进行调整的路径选中，或者使用"直接选择工具" 选中单独的节点。

STEP 02 选择"整形工具" 。

STEP 03 将鼠标指针移动到需要调整的节点或者是线段上单击，这时在节点周围会出现一个小正方形，以此来突出显示该点，按住Shift键可以连续选择多个节点，它们都将突出显示。如果单击一个路径段，则在路径上会增加一个突出显示的节点。

STEP 04 使用"整形工具" 单击节点并向所需要的方向进行拖动，在拖动的过程中，选中的节点将随着用户的拖动而发生位置和形状的改变，而且各节点之间的距离会自动调整，而未选中的节点将保持原来的位置不变，图3-27所示是使用该工具进行调整后的效果。

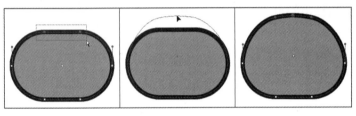

图3-27

5. 切割路径

使用"剪刀工具" 可以将一个闭合的路径分为一个或多个开放的路径。首先使用"选择工具"选中需要进行切割的路径，然后在工具箱中选择"剪刀工具" ，这时鼠标指针就会变成十字形状，在路径上需要切割的位置单击。如果在一个路径段上分离路径，则所产生的两个端点是相互重合的，并且一个端点处于被选状态；如果在一个节点处分离路径，则在原来的路径上会出现一个新的节点，并且该节点处于被选状态。使用"直接选择工具" 可以调整新的节点或路径。图3-28所示是使用工具切割并调整图形后的效果。

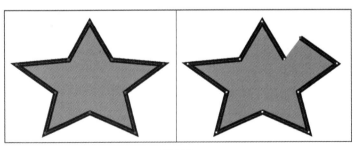

图3-28

6. "偏移路径"命令

执行"偏移路径"命令，可以在原来轮廓的内部或外部

提 示

简化路径的效果如下图所示。

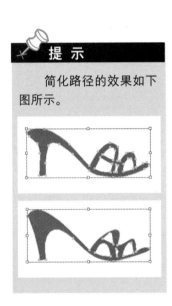

新增轮廓，它和原轮廓保持一定的距离，并且在打开的对话框中可以设置路径的偏移属性。

在为路径添加轮廓时，要先选择路径，然后执行"对象"→"路径"→"偏移路径"命令，打开"偏移路径"对话框，如图3-29所示。

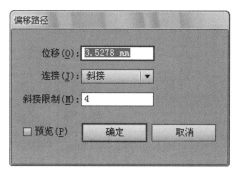

图3-29

在该对话框中，"位移"参数可用来设置路径的偏移数量，它以毫米为单位，可以是正值或者是负值。"连接"选项用来设置所产生路径段拐角处的连接方式，单击右侧的三角按钮，在弹出的下拉列表中提供了3个连接方式，分别为"斜接"、"圆角"和"斜角"。

7."轮廓化描边"命令

使用"对象"菜单中的"轮廓化描边"命令，可以在路径原有的基础上产生轮廓线，它的轮廓线属性与原路径是相同的。操作时先选择路径，然后执行"对象"→"路径"→"轮廓化描边"命令。如图3-30所示，左图为原图，中图为执行过该命令后的状态，右图为解除群组状态并调整位置后的效果。

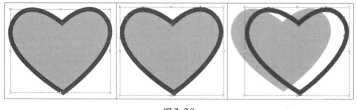

图3-30

知识点4　画笔工具

使用"画笔工具" 可以绘制自由路径，并可以为其添加笔刷，丰富画面效果。在使用"画笔工具" 绘制图形之前，首先要在"画笔"面板中选择一个合适的画笔，选用的画笔不同，所绘制的图形形状也不相同。

1. 预置画笔

双击工具箱中的"画笔工具" 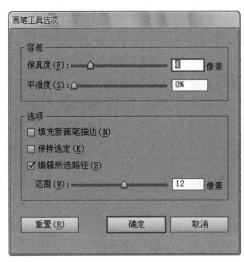，将弹出如图3-31所示的"画笔工具选项"对话框，在该对话框中设置相应的选项及参数，可以控制路径的锚点数量及其平滑程度。

图3-31

2. 创建画笔路径

创建画笔路径的方法很简单，选择"画笔工具"，在"画笔"面板中选择一种画笔，再将光标移动到页面中拖动鼠标，即可创建指定的画笔路径。选择"窗口"→"画笔"命令或按F5键，会弹出如图3-32所示的"画笔"面板。

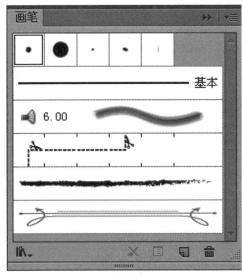

图3-32

3. 画笔类型

在"画笔"面板中，提供了散点、书法、毛刷、图案和艺术类型画笔。

◆ 散点画笔：可以创建图案沿着路径分布的效果，如图3-33所示。

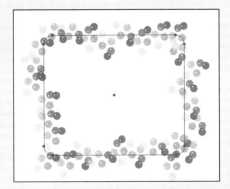

图3-33

◆ 书法画笔：可以沿着路径中心创建出具有书法效果的笔画，如图3-34所示。

图3-34

◆ 毛刷画笔：使用毛刷画笔可以模拟真实画笔描边，通过矢量进行绘画，用户可以像使用水彩和油画颜料那样利用矢量的可扩展性和可编辑性来绘制和渲染图稿。在绘制的过程中，可以设置毛刷的特征，如大小、长度、厚度和硬度，还可设置毛刷密度、画笔形状和不透明绘制。

◆ 图案画笔：可以绘制由图案组成的路径，这种图案沿着路径不断地重复，如图3-35所示。

图3-35

提 示

毛刷画笔如下图所示。

◆ 艺术画笔：可以创建一个对象或轮廓线沿着路径
　　方向均匀展开的效果。

4. 设置画笔选项

在画笔选项对话框中可以重新设置画笔选项的各项参
数，从而绘制出更理想的画笔效果。在"画笔"面板中需要
设置的画笔上双击，即可弹出该画笔的画笔选项对话框，如
图3-36所示。

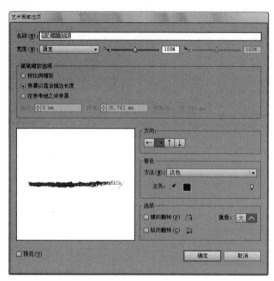

图3-36

对画笔选项对话框中的各项参数进行了设置以后，单击
"确定"按钮，系统将弹出如图3-37所示的对话框。

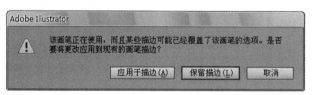

图3-37

如果想在当前的工作页面中将已使用过此类型画笔的路
径更改为调整以后的效果，单击"应用于描边"按钮；如果
只是想将更改的笔触效果应用到以后的绘制路径中，则单击
"保留描边"按钮。

● **书法画笔的设置**

在需要设置的书法画笔上双击，即可弹出该画笔的"书
法画笔选项"对话框，如图3-38所示。

● **散点画笔的设置**

在散点画笔上双击，即可弹出该画笔的"散点画笔选
项"对话框，如图3-39所示。

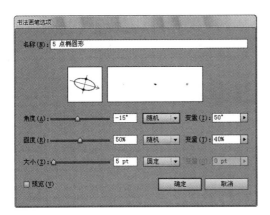

图3-38

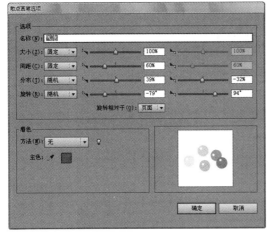

图3-39

● 艺术画笔的设置

在需要设置的艺术画笔上双击，即可弹出该画笔的"艺术画笔选项"对话框，如图3-40所示。

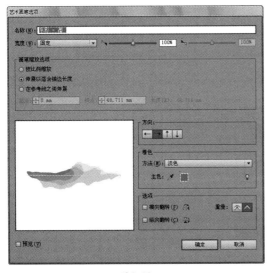

图3-40

知 识

"散点画笔选项"对话框中的选项含义如下。

● 名称：画笔的名称。

● 大小：用来控制呈点状分布在路径上的对象大小。

● 间距：用来控制路径两旁的对象的空间距离。

● 分布：用来控制对象在路径两旁与路径的远近程度。数值越大，对象距离路径越远。

● 旋转：用来控制对象的旋转角度。

● 旋转相对于：从该下拉列表框中可以选择分布在路径上的对象的旋转方向。"页面"是指相对于页面进行旋转；"路径"是指相对于路径进行旋转。

● 方法：在该下拉列表框中可以设置路径中对象的着色方式。"无"表示保持对象在控制面板中的颜色；"色调"表示可以对对象重新上色；"淡色和暗色"表示系统以不同浓淡的画笔色彩和阴影显示画笔的笔画，黑白两色不发生变化，介于这两色之间的颜色进行混合；"色相转换"表示系统将以关键色显示，可以用下面的"主色"色块设置关键色。

● 图案画笔的设置

在需要设置的图案画笔上双击，即可弹出该画笔的"图案画笔选项"对话框，如图3-41所示。

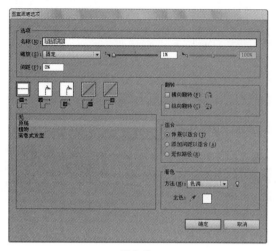

图3-41

图案画笔一共有5种类型的拼贴图案，组合起来成为画笔的对象，分别是起点拼贴、终点拼贴、边线拼贴、外角拼贴和内角拼贴，如图3-42所示。

在选择了拼贴类型后，可以在定义拼贴图案列表中进行选择，如图3-43所示。

图3-42   图3-43

知识点5 建立并修改画笔路径

用户可以选择"画笔"面板中不同的画笔类型，绘制出不同类型的画笔路径。但是，所有的画笔路径必须是简单的开放或闭合路径，并且画笔样本中不能带有应用渐变、渐变网格填充的混合颜色，或其他的位图图像、图表和置入的文件。另外，艺术画笔样本和图案画笔样本中不能带有文字，

知 识

"艺术画笔选项"对话框中选项的含义如下。

● 名称：画笔的名称。
● 宽度：设置画笔的宽度比例。
● 画笔缩放选项：设置画笔缩放的方式。
● 方向：决定画笔的终点方向，共有4种方向。
● 横向/纵向翻转：改变画笔路径中对象的方向。

知 识

"图案画笔选项"对话框中选项的含义如下。

● 名称：画笔的名称。
● 缩放：设置画笔的大小比例。
● 间距：定义应用于路径的各拼贴之间的间隔值。
● 翻转：改变画笔路径中对象的方向。
● 适合：可以选择如何在路径中匹配拼贴图。"伸展以适合"表示加长或缩减图案拼贴图来适应对象，但有可能导致拼贴不平整。"添加间距以适合"表示添加图案之间的间隙，使图案适合路径。"近似路径"表示在不改变拼贴图的情况下，将拼贴图案装配到最接近路径。为了保持整个拼贴的平整，该选项可能将图案应用于路径向里或向外一点的地方，而不是路径的中间。

即不能使用文字创建一个画笔样本。

当用户需要创建一个画笔路径时，可直接使用工具箱中的"画笔工具" 进行绘制，另外，使用工具箱中"钢笔工具" 和"铅笔工具" ，以及基础绘图工具都可创建笔刷路径，但是在使用这些工具时，必须先在"画笔"面板中选择画笔样本，才能够进行绘制。

当用户使用"画笔工具" 或者其他的绘图工具绘制出画笔路径后，还可以对其进一步编辑，如更改路径中单个的画笔样本对象的图案和颜色等，以使路径更符合创建作品的要求。

1. 改变路径上的画笔样本对象

当用户需要编辑路径中的画笔样本对象时，可参照下面的步骤进行操作。

STEP **01** 使用工具箱中的"选择工具" 选中需要修改的画笔路径。

STEP **02** 执行"对象"→"扩展外观"命令，用户所选择的笔刷路径将显示出画笔样本的外观，如图3-44所示。

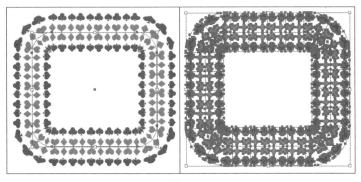

图3-44

STEP **03** 这时就可使用工具箱中的"直接选择工具"选中单个的对象，然后进行移动、变换或改变其颜色等操作，直到用户满意为止。

2. 移除路径上的画笔样本

如果用户需要将笔刷路径上的对象移除，将其恢复为普通的路径，可按下面的步骤进行操作。

STEP **01** 使用工具箱中的"选择工具"选中需要修改的笔刷路径。

STEP **02** 执行"窗口"→"画笔"命令，打开"画笔"面板，单击面板底部左面的第一个按钮，即"移去画笔描边" 按钮，就可将路径中的画笔样本移除；另外，单击该面板右上角的三角按钮，在弹出的面板菜单中执行"移去画笔描边"

命令，也可将路径中的画笔样本移除，如图3-45所示。

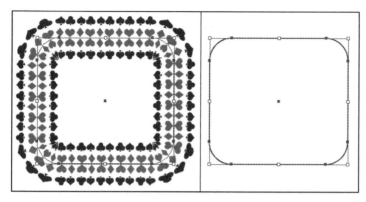

图3-45

提 示

对于开放路径来说，拼贴的图案将依次被用在路径开始的地方、路径中、路径结束的地方。如果应用画笔的路径有拐角，那么拼贴图案将用到外角拼贴和内角拼贴。对于封闭路径，仅仅会用到边线拼贴、外角拼贴和内角拼贴，如下图所示。

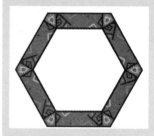

知识点6　使用画笔样本库

在默认的状态下，"画笔"面板只是显示了几种基本的画笔样本。当用户需要更多种画笔样本时，可从Illustrator CS6提供的画笔样本库进行查找。画笔样本库可以帮助用户尽快地应用所需要画笔样本，以提高绘图的速度。

虽然画笔样本库中存储了各种各样的画笔样本，但是用户不可以直接对它们进行添加、删除等编辑，只有把画笔样本库中的画笔样本导入到"画笔"面板后，用户才可以改变它们的属性。当用户需要从画笔样本库中导入画笔样本时，可参照下面的操作步骤进行。

STEP 01 打开"窗口"→"画笔库"子菜单，其中包括了9种画笔样本类型，读者可根据需要选择，如图3-46所示。

图3-46

STEP 02 比如执行"窗口"→"画笔库"→"边框"→"边框_原始"命令后，将会弹出"边框_原始"面板。当用户选择面板中的一种画笔样本时，所选择的样本将被放置到"画笔"面板中，如图3-47所示。

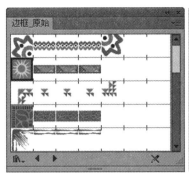 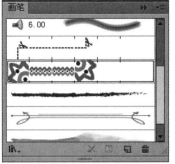

图3-47

STEP 03 另外，执行"窗口"→"画笔库"→"其他库"命令，将弹出"选择要打开的库"对话框，在该对话框中，用户可从其他位置选择含有画笔样本的文件，然后打开并使用这些样本。

STEP 04 用户可将常用的画笔样本添加到"画笔"面板中，并执行"存储画笔库"命令将其存储为Illustrator CS6文件。再次编辑对象时，执行"窗口"→"画笔库"→"用户定义"命令，打开上一次保存的Illustrator CS6文件，即可将保存在文件中的"画笔"面板一同打开，但是它不与现有的页面中的"画笔"面板相重复，而是生成了另一个新面板。

知识点7 自定义画笔

除了使用系统内置的画笔以外，还可以根据需要创建新的画笔，并可以将其保存到"画笔"面板中，在以后的绘图过程中长期使用。

选择用于定义新画笔的对象，然后在"画笔"面板的下方单击"新建画笔" 按钮，或者单击面板右上角的 按钮，在弹出的面板菜单中执行"新建画笔"命令，弹出如图3-48所示的对话框。

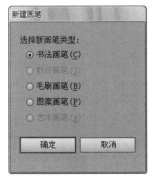

图3-48

在对话框中选择好画笔类型，单击"确定"按钮，弹出画笔选项对话框，进行相关参数的设置后，单击"确定"按钮，就完成了新画笔的创建。

知识点8　画笔的管理

在"画笔"面板中可以对画笔进行管理，主要包括画笔的显示、复制、删除等。

1. 画笔的显示

在默认状态下，画笔将以缩略图的形式在"画笔"面板中显示，单击"画笔"面板右上角的 ▼ 按钮，在弹出的面板菜单中执行"列表视图"命令，画笔将以列表的形式在"画笔"面板中显示。

2. 画笔的复制

在对某种画笔进行编辑前，最好将其复制，以确保在操作错误的情况下能够进行恢复。在"画笔"面板中选择需要复制的画笔，然后单击"画笔"面板右上角的 ▼ 按钮，在弹出的下拉列表中执行"复制画笔"命令，即可将当前所选择的画笔复制。

3. 画笔的删除

在"画笔"面板中选择需要删除的画笔，然后单击"画笔"面板右上角的 ▼ 按钮，在弹出的面板菜单中执行"删除画笔"命令，即可将当前所选择的画笔复制。在"画笔"面板中选择需要删除的画笔，单击面板底部的"删除画笔" 🗑 按钮，也可以在"画笔"面板中将画笔删除。

技 巧

在需要复制的画笔上按住鼠标左键，将其拖动到底部的"新建画笔"按钮上释放鼠标，也可以在"画笔"面板中将拖动的画笔复制。

Ai 独立实践任务

任务2　设计制作蛋糕房的新品海报

💻 任务背景

某蛋糕房要在夏季新推出一款蛋挞食品。为了让更多的消费者了解并接受该新品，需要设计制作新品宣传海报，其效果如图3-49所示。

图3-49

💻 任务要求

充分利用画面来体现食品的美味。

💻 任务分析

该海报在设计制作时，将食品的照片作为主体，用黄色作为画面的主色调，背景采用横条纹作为装饰，可在简化背景的同时能很好地突出主体。通过在文字上绘制花纹，加强文字的变换，达到强化画面主题的作用。

💻 操作步骤

一、填空题

1. 在Illustrator CS6软件中，若要对两个以上的图形进行混合，可将所有图形选中，然后执行_____命令。

2. 使用混合工具对两个具有相同边线色、不同填充色的封闭图形进行混合，两个填充色的色彩模式应为_____。

3. 若干个图形执行完混合命令（"对象"→"混合"→"制作"）后，其混合路径是_____。

4. 在Illustrator CS6软件中，执行"_____"命令，可颠倒混合图形的顺序。

二、选择题

1. 若干个图形执行完混合命令（"对象"→"混合"→"制作"）后，其混合路径不能用下列哪个工具进行编辑？（　　）

    A. 铅笔工具

    B. 增加锚点工具

    C. 毛笔工具

    D. 转换锚点工具

2. 下列关于Illustrator CS6中混合工具的描述，描述正确的是（　　）。

    A. 不可以在两个开放路径或者是两个闭合路径之间进行混合操作

    B. 使用混合工具时，在不同的图形上单击不同的节点会影响到最终混合的形状

    C. 两个封闭图形在进行混合操作后，在混合图形中间会有一个直线路径，这个直线路径是不能修改的

    D. 在两个使用了渐变网格的图形之间也可以通过混合工具进行混合

3. 在Illustrator CS6中，执行完混合命令（"对象"→"混合"→"制作"）后，命令的混合体不能执行下列哪个操作？（　　）

    A. 缩放

    B. 整体移动

    C. 旋转

    D. 混合体中的任何图形单独移动

4. 两个填充有不同图案的封闭路径之间执行混合命令（"对象"→"混合"→"制作"），下列叙述正确的是（　　）。

    A. 它们不能执行混合命令

    B. 混合体的填充图案和原来位于前面的图形相同

    C. 混合体的填充图案是两种图案的混合

    D. 如果混合图形是封闭路径，那么得到的混合路径就是直线路径

任务参考效果图：

能力目标：

1. 掌握对象的基本操作技巧
2. 可以自己设计制作POP

软件知识目标：

1. 掌握选取和变换对象的操作
2. 掌握对象次序的调整方法
3. 掌握对象编组的操作

专业知识目标：

1. 变换对象的操作
2. 调整对象的次序
3. 将对象进行编组

课时安排：

2课时（讲课1课时，实践1课时）

Ai 模拟制作任务

任务1 汉堡包POP设计

📺 任务背景

某快餐店开发了一种新口味的汉堡包。为了更好地进行推广，让更多的消费者了解新品，特委托本公司为其设计制作关于该汉堡包的POP广告。

📺 任务要求

首先要能清晰地将新品上市的信息传递给消费者，然后通过画面将产品特点表现出来。

📺 任务分析

相对来说，特定产品的POP设计画面较为简单，一般以产品形象或是价格、名称、产品特点为主要传播信息。该POP在设计时，突出新品上市的文字信息，再配合以矢量图形的汉堡包形象，并以此作为画面的主题；然后将产品特点的文字安排在图形的下方，通过一张放在放射线图形上的纸表现出来，达到吸引人目光的效果。

📺 最终效果

本任务素材文件和最终效果文件在"光盘:\素材文件\模块04"目录下，操作视频在"光盘:\操作视频\模块04"目录下。

📺 任务详解

STEP **01** 执行"文件"→"新建"命令，创建一个新文件，如图4-1所示。

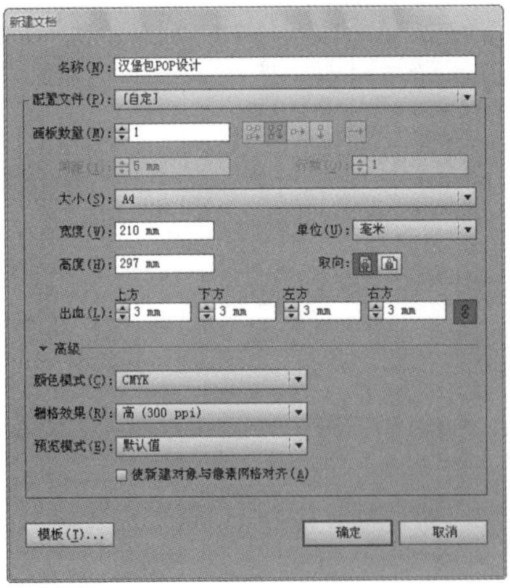

STEP **02** 使用"矩形工具" ▣ 绘制一个与文档出血线大小相同的白色矩形，如图4-2所示。

图4-2

图4-1

STEP **03** 使用"钢笔工具" ✒ 绘制黄色的三角形，如图4-3所示。

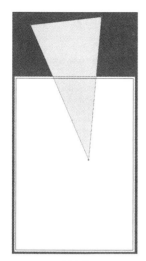

图4-3

STEP 04 在"图层"面板中，拖动三角形图层到"创建新图层" 按钮处，将其复制，并使用"直接选择工具" 调整其形状，设置其颜色为绿色，如图4-4所示。

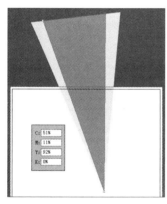

图4-4

STEP 05 使用相同的方法，再次复制图形，制作蓝色的三角形，效果如图4-5所示。

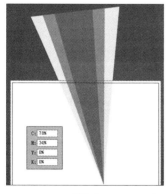

图4-5

STEP 06 使用"选择工具" 选中3个三角形，在视图中右击，在弹出的菜单中执行"编组"命令，效果如图4-6所示。

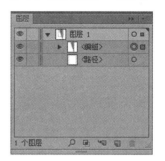

图4-6

STEP 07 选中三角形图形，使用"复制"和"粘贴"命令复制图形，使用"选择工具" 旋转图形并调整图形的位置，如图4-7所示。

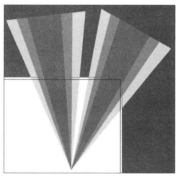

图4-7

STEP 08 继续复制并调整图形的旋转方向和位置，得到如图4-8所示的效果。

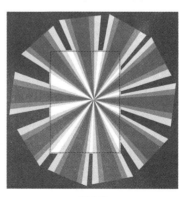

图4-8

STEP 09 使用"矩形工具" 绘制与出血线大小相同的矩形，如图4-9所示。

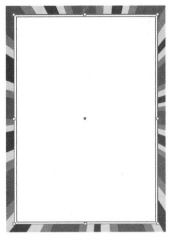

图4-9

STEP 10 使用"选择工具" ▶ 选中所有的图形，在视图中右击，在弹出的菜单中执行"建立剪切蒙版"命令，效果如图4-10所示。

图4-10

STEP 11 在"图层"面板中，将背景图形锁定，如果4-11所示。

图4-11

STEP 12 使用"钢笔工具" ✎ 绘制藏青色图形，如图4-12所示。

图4-12

STEP 13 在"图层"面板中将绘制的图形复制，设置颜色为白色，并调整外形形状，如图4-13所示。

图4-13

STEP 14 继续使用"钢笔工具" ✎ 绘制文字路径，效果如图4-14所示。

图4-14

STEP 15 参照图4-15，为文字各个部首的路径添加不同的颜色。

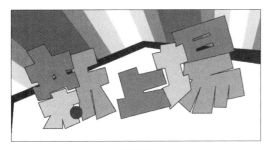

图4-15

STEP 16 参照图4-16，沿文字四周绘制路径，填充为白色，轮廓线为蓝色，并设置宽度为8pt，将图形放在文字的下方。

图4-16

STEP 17 使用"选择工具" ▶ 将绘制的文字路径全部选中，然后在视图中右击，在弹出的菜单中执行"编组"命令。在"图层"面板中，将编组的文字图形复制，然后选中位于下层的文字图形，如图4-17所示。

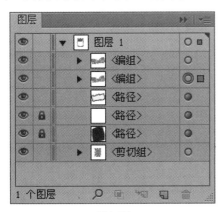

图4-17

STEP 18 在控制面板中单击"字符"按钮，在弹出的面板中，设置文字路径的描边宽度为8pt，如图4-18所示。

图4-18

STEP 19 打开随书光盘中的素材"光盘:\素材文件\模块04\汉堡包图形.ai"，将图形复制到POP文档中，效果如图4-19所示。

图4-19

STEP 20 最后在画面中添加相关的文字信息，完成该POP广告的设计制作，最终效果如图4-20所示。

图4-20

知识点1　对象的选取

在编辑对象之前，首先应该选取对象。在Illustrator CS6中，提供了5种选择工具，包括"选择工具" 、"直接选择工具" 、"魔棒工具" 、"编组选择工具" 和"套索工具" 。Illustrator CS6除了提供5种选择工具以外，还提供了一个"选择"菜单。

1. 选择工具

选择"选择工具" ，将鼠标移动到对象或路径上，单击即可选取对象，对象被选取后会出现8个控制手柄和1个中心点，使用鼠标拖动控制手柄可以改变对象的形状、大小等。

可使用"选择工具" 扩选对象。选择"选择工具" ，在页面上拖动画出一个虚线框，虚线框中的对象即可被全部选中。只要对象的一部分在虚线框内，对象内容就可被选中，不需要对象的边界都在虚线区域内。

2. 直接选择工具

选择"直接选择工具" ，用鼠标单击可以选取对象，如图4-21左图所示。在对象的某个节点上单击，可以选择路径上独立的节点，并显示出路径上的所有方向线以便于调整，被选中的节点为实心的状态，没有被选中的节点为空心状态，如图4-21中图所示。按住选中节点不放，拖动鼠标，将改变对象的形状，如图4-21右图所示。

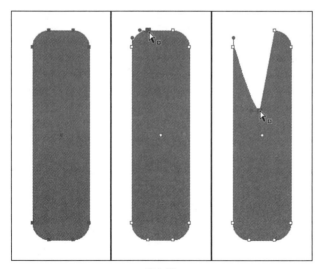

图4-21

> **提 示**
>
> 使用"选择工具" 选择对象的效果如下图所示。

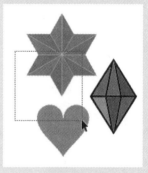

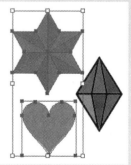

> **提 示**
>
> 使用"选择工具" 扩选对象的效果如下图所示。

可使用"直接选择工具" 拖动出一个虚线框扩选对象和节点，如图4-22所示。

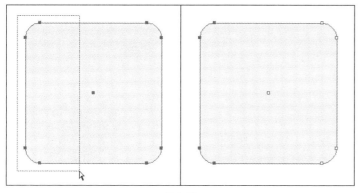

图4-22

3. 魔棒工具

选择"魔棒工具" ，通过单击对象来选择具有相同颜色、描边粗细、描边颜色、不透明度或混合模式的对象，如图4-23和图4-24所示。

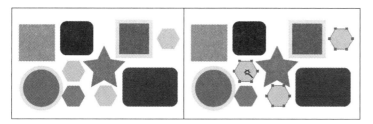

图4-23

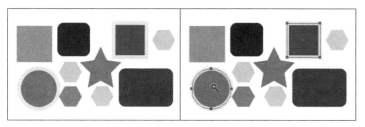

图4-24

双击"魔棒工具" ，弹出"魔棒"面板，如图4-25所示。在该面板中可设置用来更改选中对象的相关选项。

图4-25

4.套索工具

选择"套索工具"，在对象的外围单击并按住鼠标左键拖动，绘制一个套索圈，松开鼠标左键，对象被选取。选择"套索工具"，在对象外围单击并拖动鼠标，鼠标经过的对象将同时被选中。

知识点2 变换对象

对象常见的变换操作有旋转、缩放、镜像、倾斜等。拖动对象控制手柄可以进行变换操作；也可以选择工具箱中的"旋转工具"、"镜像工具"等变换工具进行变换参数的相关设置；还可以利用"变换"面板进行精确的基本变形操作；选取对象后，执行"对象"→"变换"命令或者利用右键菜单，同样可以进行变换操作。

1.移动对象

在Illustrator CS6中，可以根据不同的需要灵活地选择多种方式移动对象。要移动对象，就要使被移动的对象处于选取状态。

● 使用工具箱中的工具和键盘方向键选取对象

在对象上单击并按住鼠标左键不放，拖动鼠标至需要放置对象的位置，松开鼠标左键，即可移动对象，如图4-26所示。选取要移动的对象，用键盘上的方向键可以微调对象的位置。

图4-26

● 使用"移动"对话框

双击"选择工具"或执行"对象"→"变换"→"移动"命令，弹出"移动"对话框，如图4-27所示。

图4-27

● 使用"变换"面板

执行"窗口"→"变换"命令，弹出"变换"面板，如图4-28所示，X参数可以设置对象在X轴的位置，Y参数可以设置对象在Y轴的位置。改变X轴和Y轴值，就可以移动对象。若要更改参考点的设置，可以在输入值之前单击▦中的一个参考基准点。

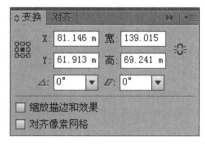

图4-28

2.复制对象

在Illustrator中，对象的复制是比较常见的操作。当用户需要得到一个与所绘制的完全相同的对象，或者想要尝试某种效果而不想破坏原对象时，可创建该对象的副本。

● 使用复制命令

当复制对象时，要先选择所要复制的对象，然后执行"编辑"→"复制"命令，或者按Ctrl + C快捷键，即可将所选择的信息输送到剪贴板中。

在使用剪贴板时，可根据需要对其进行一些设置，步骤如下。

STEP 01 执行"编辑"→"首选项"→"文件处理与剪贴板"命令，将打开"首选项"对话框，如图4-29所示。

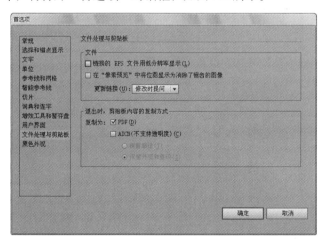

图4-29

STEP 02 在该对话框的"文件处理与剪贴板"选项组中，可以设置文件复制到剪贴板的格式。

STEP 03 当设置完成后，单击"确定"按钮，这时再进行复制时，所做的设置就会生效。

● **使用拖放功能**

有些格式的文件不能直接粘贴到Illustrator中，但是可以利用其他应用程序所支持的拖放功能，拖动选定对象然后放置到Illustrator中。

利用拖放功能，可以在Illustrator和其他应用程序之间复制和移动对象。当用户在复制一个包含PSD数据的OLE对象时，可以使用OLE剪贴板。从Illustrator中或其他应用程序中拖动出的矢量图形，都可转换成位图。

当拖动一个图形到Photoshop窗口中时，可按下面的步骤进行。

STEP 01 先选择要复制的对象，并打开一个Photoshop图像文件窗口。

STEP 02 在Illustrator中的选定对象上按住鼠标左键并向Photoshop窗口拖动，当出现一个黑色的轮廓线时，再松开鼠标按键。

STEP 03 这时可适当调整该对象的位置，按住Shift键，再将该对象放置到图像文件的中心。

也可以将Illustrator中的图形对象直接移动到Photoshop中，同样是采用拖动的方法，当松开鼠标按键时，则所选择的对象会变成一个矢量智能对象，可以任意对其进行放大或是缩小的操作，如图4-30所示。

提 示

在进行操作时，可在其他的应用程序中选定所要复制的对象，执行复制命令，然后打开一个粘贴该对象的Illustrator文件，执行"编辑"→"粘贴"命令即可。

图4-30

提 示

也可从Photoshop中拖动一个图像到Illustrator文件中，具体操作时只要先打开需要复制的对象，并将其选中，然后使用Photoshop中的"移动工具"拖动图像到Illustrator文件中即可。

3. 缩放对象

在Illustrator中，可以快速而精确地缩放对象，既能在水平或垂直方向放大和缩小对象，也能在两个方向上对对象整体缩放。

● 使用边界框

选取对象，对象的周围出现控制手柄，用鼠标拖动各个控制手柄即可缩放对象，也可以拖动对角线上的控制手柄缩放对象，如图4-31所示。

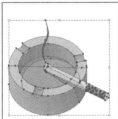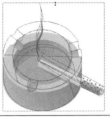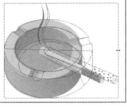

图4-31

● 使用比例缩放工具

选取对象，选择"比例缩放工具" 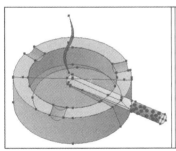，对象的中心出现缩放对象的中心控制点，用鼠标在中心控制点上单击并拖动，可以移动中心控制点的位置；用鼠标在对象上拖动，可以缩放对象，如图4-32所示。

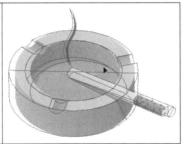

图4-32

● 使用"比例缩放"对话框

双击"比例缩放工具" 或执行"对象"→"变换"→"缩放"命令，弹出"比例缩放"对话框，如图4-33所示。

图4-33

提 示

拖动对象线上的控制手柄时，按住Shift键，对象会成比例缩放；按住Shift＋Alt键，对象会成比例地从对象中心缩放。

知 识

"比例缩放"对话框中选项含义如下。

● 等比：在文本框中输入等比缩放比例。

● 不等比：在文本框中输入水平和垂直方向上的缩放比例。

● 比例缩放描边和效果：选中此选项，笔画宽度随对象大小比例改变而进行缩放。

● 复制：单击"复制"按钮，以在缩放时进行复制。

● 预览：进行效果预览。

提 示

在选取的对象上右击，弹出快捷菜单，选择"变换"→"缩放"命令，弹出"比例缩放"对话框，也可以对对象进行缩放。

● 使用"变换"面板

执行"窗口"→"变换"命令，弹出"变换"面板，如图4-34所示，"宽"参数可以设置对象的宽度，"高"参数可以设置对象的高度。改变宽度和高度值，就可以缩放对象。

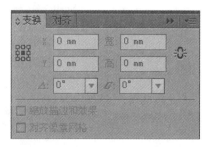

图4-34

4.镜像对象

● 使用边界框

使用"选择工具"⬚选取要镜像的对象，按住鼠标左键直接拖动控制手柄到另一边，直到出现对象的蓝色虚线，松开鼠标左键就可以得到不规则的镜像对象。

● 使用"镜像工具"

选取对象，选择"镜像工具"⬚，用鼠标拖动对象进行旋转，出现蓝色虚线，这样可以实现图形的旋转变换，也就是围绕对象中心的镜像变换，如图4-35所示。

图4-35

选取对象，选择"镜像工具"⬚，在绘图页面上任意位置单击，可以确定新的镜像轴标志⬦的位置，用鼠标在绘图页面上任意位置再次单击，则单击产生的点与镜像轴标志的连线成为镜像变换的镜像轴，对象在与镜像轴对称的地方生成镜像，如图4-36所示。

● 使用"镜像"对话框

双击"镜像工具"⬚或执行"对象"→"变换"→"镜像"命令，弹出"镜像"对话框，如图4-37所示。可选择沿水

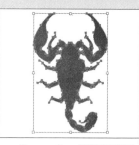

平轴或垂直轴生成镜像，在"角度"文本框中输入角度，则沿着此倾斜角度的轴进行镜像。单击"复制"按钮，可以在镜像时进行复制。

图4-36

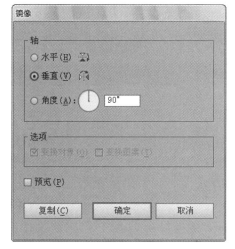

图4-37

5. 旋转对象

在Illustrator中，可以根据不同的需要灵活地选择多种方式旋转对象。

● 使用边界框

选取要旋转的对象，将光标移动到控制手柄上，光标变为↰，按住鼠标左键，拖动鼠标旋转对象，旋转到需要的角度后松开鼠标。

● 使用"旋转工具"

选取对象，选择"旋转工具"，对象的四周出现控制手柄，用鼠标拖动控制手柄即可旋转对象，对象围绕旋转中心◇旋转。Illustrator CS6默认的旋转中心是对象的中心点，将鼠标移动到旋转中心上，按住鼠标左键拖动旋转中心到需要的位置，可以改变旋转中心，通过旋转中心使对象旋转到新的位置，如图4-38所示。

提 示

使用"镜像工具" 镜像对象的过程中，在拖动鼠标时按住Alt键即可复制镜像对象，"镜像工具" 也可以用于旋转对象。

提 示

使用边界框旋转对象的效果如下图所示。

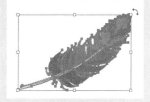

图4-38

● **使用"旋转"对话框**

双击"旋转工具" 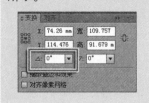 或执行"对象"→"变换"→"旋转"命令，弹出"旋转"对话框。在"角度"文本框中输入对象旋转的角度，单击"复制"按钮可以在旋转时进行复制。

● **使用"变换"面板**

执行"窗口"→"变换"命令，弹出"变换"面板，在"旋转"下拉列表中选择旋转角度或在文本框中输入数值，按Enter键即可完成旋转操作。

6. 倾斜对象

在Illustrator中，可以根据不同的需要灵活地选择多种方式倾斜对象。

● **使用"倾斜工具"**

选取对象，选择"倾斜工具"  ，对象的四周出现控制手柄，用鼠标拖动控制手柄或对象即可倾斜对象。

● **使用"倾斜"对话框**

双击"倾斜工具"  或执行"对象"→"变换"→"倾斜"命令，弹出"倾斜"对话框，如图4-39所示。可选择水平或垂直倾斜，在"角度"文本框中输入对象倾斜的角度。单击"复制"按钮可以在倾斜时进行复制。

图4-39

知 识

在"变换"面板中应用旋转的方法如下图所示。

提 示

使用倾斜工具倾斜对象效果如下图所示。

● 使用"变换"面板

执行"窗口"→"变换"命令,弹出"变换"面板,在"倾斜"下拉列表中选择倾斜角度或在文本框中输入数值,按Enter键即可完成倾斜操作。

7.再次变换对象

在某些情况下,需要对同一变换操作重复数次,在复制对象时尤其如此。利用"对象"→"变换"→"再次变换"命令,或按Ctrl + D快捷键,可以根据需要重复执行移动、缩放、旋转、镜像或倾斜操作,直至执行下一变换操作。

8.自由变换对象

选取对象,选择"自由变换工具" ,对象的四周出现控制手柄,在控制点上按住鼠标左键不放,然后按住Ctrl键,此时可以对图形进行任意的变形调整。同时按住Ctrl + Alt键,可以对图形进行两边对称的斜切变形。同时按住Ctrl + Alt + Shift键,可以进行透视变形调整,如图4-40所示。

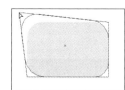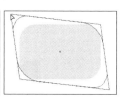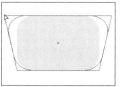

图4-40

知识点3 对象的隐藏和显示

使用"隐藏"子菜单中的命令可以隐藏对象。

STEP 01 选取对象,执行"对象"→"隐藏"→"所选对象"命令或按Ctrl+3快捷键,可以将所选对象隐藏起来,如图4-41所示。

图4-41

STEP 02 选取当前对象,执行"对象"→"隐藏"→"上方所有图稿"命令,可以将当前对象之上的所有对象隐藏,如图4-42所示。

 知 识

在"变换"面板中应用倾斜的方法如下图所示。

提 示

应用"再次变换"命令制作图案的操作步骤如下。

STEP 01 选取对象,选择"旋转工具" ,将光标移动到中心上,按住鼠标左键拖动中心点到心形下端控制点位置。

STEP 02 按住Alt + Shift键,90°旋转复制对象。

STEP 03 连续按两次Ctrl + D快捷键,90°旋转复制两个心形。

图4-42

知识点4　锁定和群组对象

1. 锁定与解锁

锁定和群组功能是一种辅助设计功能，在编辑拥有众多对象的图形中，可以很好地管理对象内容。

锁定对象可以防止误操作的发生，也可以防止当多个对象重叠时，选择一个对象会连带选取其他对象。

选取要锁定的对象，执行"对象"→"锁定"→"所选对象"命令或按Ctrl+2快捷键，可以将所选对象锁定。当其他图形移动时，锁定了的对象不会被移动。

选取黄色多边形，执行"对象"→"锁定"→"上方所有图稿"命令，可以将黄色多边形之上的绿色和湖蓝色这两个多边形锁定，当其他图形移动时，锁定了的对象不会被移动。

2. 群组对象与取消群组

使用"编组"命令可以将多个对象绑定在一起作为一个整体来处理，这对于保持对象间的位置和空间关系非常有用，"编组"命令还可以创建嵌套的群组。使用"取消编组"命令，可以把一个群组对象拆分成其组件对象。

选取要群组的对象，执行"对象"→"编组"命令或按Ctrl+G快捷键，即可将选取的对象群组，如图4-43所示。单击群组中的任何一个对象，都将选中该群组。

选取要解组的对象组合，执行"对象"→"取消编组"命令或按Ctrl + Shift + G快捷键，即可将选取的组合对象解组，解组后可以单独选取任意一个对象，如图4-44所示。如

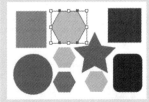

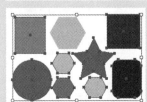

知　识

锁定所选对象的效果如下图所示。

果是嵌套群组，可以将解组的过程重复执行，直到全部解组为止。

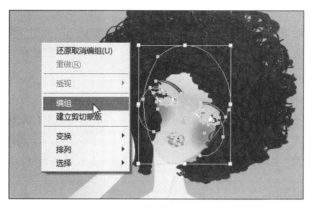

图4-43

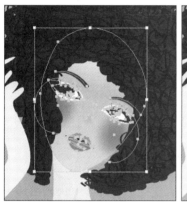

提 示

　将对象群组以后，也可以单独选中其中的某个对象，按住Ctrl键，同时单击群组中的一个对象，即可在群组对象中选中该对象，也可以使用"编组选择工具"  进行选取。

图4-44

知识点5　对象的次序

复杂的绘图是由一系列相互重叠的对象组成的，而这些对象的排列顺序决定了图形的外观。

执行"对象"→"排列"命令，其子菜单包括5个命令，如图4-45所示，使用这些命令可以改变对象的排序。应用快捷键也可以对对象进行排序，熟记快捷键可以加快工作效率。

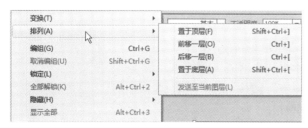

图4-45

若要把对象移到所有对象前面，执行"对象"→"排列"→"置于顶层"命令，或按Ctrl + Shift +]快捷键。

若要把对象移到所有对象后面，执行"对象"→"排列"→"置于底层"命令，或按Ctrl + Shift + [快捷键。

若要把对象向前面移动一个位置，执行"对象"→"排列"→"前移一层"命令，或按Ctrl +] 快捷键。

若要把对象向后面移动一个位置，执行"对象"→"排列"→"后移一层"命令，或按Ctrl + [快捷键。

知识点6　对象的对齐与分布

有时为了达到特定的效果，需要精确对齐和分布对象，对齐和分布对象能使对象之间互相对齐或间距相等。执行"窗口"→"对齐"命令，调出"对齐"面板，如图4-46上图所示。单击面板右上方的三角形按钮，在面板菜单中执行"显示选项"命令，显示"分布间距"选项组，如4-46下图所示。

图4-46

1.对象的对齐

"对齐"面板中"对齐对象"选项组包含6个对齐命令按钮："水平左对齐"■按钮、"水平居中对齐"■按钮、"水平右对齐"■按钮、"垂直顶对齐"■按钮、"垂直居中对齐"■按钮、"垂直底对齐"■按钮。

选取要对齐的对象，单击"对齐"面板中"对齐对象"

知 识

将所选对象置于顶层的效果如下图所示。

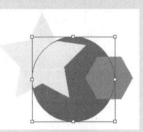

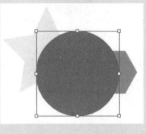

将所选对象置于底层的效果如下图所示。

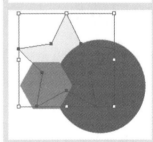

选项组的对齐命令按钮，所有选取的对象互相对齐，如图4-47所示。

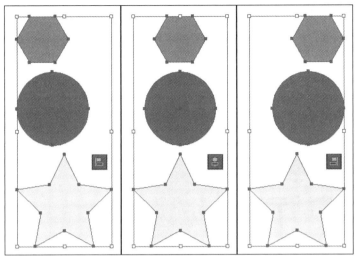

图4-47

2. 对象的分布

"对齐"面板中"分布对象"选项组包含6个分布命令按钮："垂直顶分布"按钮、"垂直居中分布"按钮、"垂直底分布"按钮、"水平左分布"按钮、"水平居中分布"按钮、"水平右分布"按钮。

选取要分布的对象，单击"对齐"面板中"分布对象"选项组的分布命令按钮，所有选取的对象之间按相等的间距分布。

● **对象的分布间距**

如果需要指定对象间固定的分布距离，选择"对齐"面板"分布间距"选项组中的"垂直分布间距"按钮和"水平分布间距"按钮。

在"对齐"面板下方的文本框中输入固定的分布距离，选取要分布的多个对象，再单击被选取对象中的任意一个对象（中间对象），该对象将作为其他对象进行分布时的参照，单击"垂直分布间距"按钮，所有被选取的对象将以参照对象为参照，按设置的数值等距离垂直分布。

在"对齐"面板下方的文本框中输入固定的分布距离，选取要分布的多个对象，再单击被选取对象中的任意一个对象（左边对象），该对象将作为其他对象进行分布时的参照，单击"水平分布间距"按钮，所有被选取的对象将以参照对象为参照，按设置的数值等距离水平分布。

> **提 示**
>
> 　　用网格和辅助线也可以辅助对齐对象，按Ctrl＋'快捷键可以显示或隐藏网格。

Ai 独立实践任务

任务2　设计制作超市内咖啡机优惠活动的POP广告

🖥 任务背景

　　为庆祝十一国庆节，某超市委托本公司制作优惠活动中一款咖啡机的POP广告，其参考效果如图4-48所示。

图4-48

🖥 任务要求

　　画面简单，要形象地突出咖啡机主题，并将优惠信息准确无误地传播给消费者。

🖥 任务分析

　　画面采用单色作为背景，将咖啡机通过卡通的图案形式表现出来，并在文字"咖啡机"的四周设计上花纹，与咖啡机图案结合在一起，形象地将主题产品表达出来，再配以文本说明，将该产品的优惠信息完整地传递出来。

一、填空题

1. 在Illustrator中可以创建出两种渐变类型：_____和_____。

2. _____是为对象添加多种渐变的一种填充方式，可以突出对象的显示、阴影和立体效果。

3. "渐变"面板上颜色滑块的颜色改变是通过_____面板来实现的。颜色可以为CMYK模式的颜色、RGB模式的颜色或者任意一种专色。

4. 设定渐变色时，在渐变色条下方单击鼠标，可增加一个表示新颜色的滑块，一个表示中间色的菱形，滑块和菱形的数量关系是_____。

二、选择题

1. 设定好的渐变色可存储在下列哪个面板中？（　　）

    A. "颜色"面板

    B. "渐变"面板

    C. "色板"面板

    D. "属性"面板

2. 在"渐变"面板中可以创建和编辑渐变，按下面哪个快捷键可以打开该面板？（　　）

    A. Ctrl + F2

    B. Ctrl + F3

    C. Ctrl + F5

    D. Ctrl + F9

3. 关于"渐变工具"的使用，说法正确的是（　　）。

    A. "渐变工具"只可以改变渐变的方向，不可以改变图形中渐变颜色的分布

    B. 放射状渐变是以一点为圆心向外扩散的一种渐变方式，扩散方式可以通过渐变角度控制来得到改变

    C. 使用"渐变工具"拖曳渐变色时，如果要让渐变的方向为水平、垂直或者45°角的倍数的方向，在拖动鼠标的同时需要按住Ctrl键

    D. 如果渐变类型为放射状渐变，使用"渐变工具"确定渐变的中心点，该方法可以非常方便地制作高光球体

4. 下列有关图案单元的描述，不正确的是（　　）。

    A. 可以调整图案单元之间的距离

    B. 如果对一个填充了图案的图形进行旋转，填充的图案可以旋转，也可以不发生旋转

    C. 在"缩放工具"对话框中，如果选项下面的图案被选中，说明图案会随着图形的缩放而缩放

    D. 如果对一个填充了图案的图形进行镜像，图形可以发生镜像，图案不可以

任务参考效果图：

能力目标：

1. 学会创建颜色、渐变、图案、网格填充
2. 自己动手设计制作LOGO

专业知识目标：

1. 了解颜色基础知识
2. 了解填充图形方法
3. 了解符号工具组的应用方法

软件知识目标：

1. 掌握为图形填充颜色的方法
2. 掌握图形轮廓的设置方法
3. 掌握使用符号工具进行工作

课时安排：

2课时（讲课1课时，实践1课时）

任务1 火锅店LOGO的设计

🖥 任务背景

尚品锦华是一家火锅店的名称。为了更好地树立企业形象，扩大经营规模，委托本公司为其设计制作火锅店的LOGO。

🖥 任务要求

标志要求能很好地突出饭店的经营类别，画面要求形象、大方、热情，能够很好地将火锅店的形象表现出来。

🖥 任务分析

该LOGO设计抓住3个特点，一是火，二是火锅，三是该店面的名称。我们将火焰和火锅的形象组合在一起，通过简洁的画面形象，将一幅红红火火吃火锅的画面刻画出来，配以红色颜色，精心地将火锅、火焰、热情结合在一起，再加上手写风格的店面名称，完整地将客户的诉求传达出来。

🖥 最终效果

本任务最终效果文件在"光盘:\素材文件\模块05"目录下，操作视频在"光盘:\操作视频\模块05"目录下。

🖥 任务详解

STEP 01 执行"文件"→"新建"命令，创建一个新文件，如图5-1所示。

STEP 02 使用"矩形网格工具" ▦ 在视图中单击，打开"矩形网格工具选项"对话框，参照图5-2设置参数。

图5-1

图5-2

STEP 03 使用"选择工具" ▶ 选中网格图形，在工具箱中双击"描边"按钮，打开"拾色器"对话框，设置网格的轮廓颜色为灰色，效果如图5-3所示。

STEP 06 使用工具箱中的"钢笔工具" ✐ 绘制出火焰中的细节图形，如图5-6所示。

图5-6

STEP 07 参照图5-7左图，使用"选择工具" ▶ 选中火焰及中间的细节图形，在"路径查找器"面板中单击"减去顶层" □ 按钮，修剪图形，效果如图5-7右图所示。为了便于读者查看，该图填充为灰色。

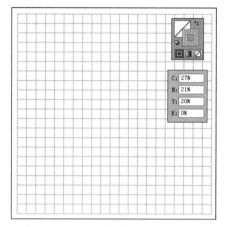

图5-3

STEP 04 为了便于接下来的绘制，将网格图形锁定，如图5-4所示。

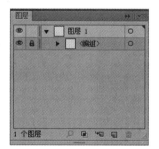

图5-4

图5-7

STEP 05 使用工具箱中的"钢笔工具" ✐ 绘制火焰图形，效果如图5-5所示。

STEP 08 使用相同的方法，继续修剪图形，效果如图5-8所示。

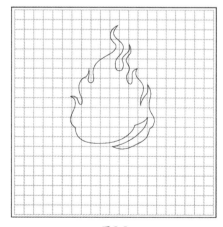

图5-5

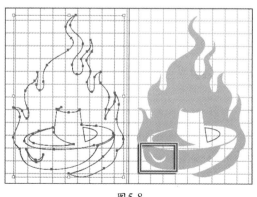

图5-8

STEP 09 最后选中火焰图形及中间的半圆图形，在"路径查找器"面板中单击"差集"按钮，完成图形的修剪，如图5-9所示。其中右图为了便于读者查看，将网格线隐藏，并对图形填充了灰色。

图5-9

STEP 10 使用"选择工具"选中图形，在工具箱中双击"填色"按钮，为图形填充深灰色，如图5-10所示。

C:	66%
M:	57%
Y:	54%
K:	4%

图5-10

STEP 11 使用"文字工具"在视图中输入文本，双击"填色"按钮，设置颜色与标志图形颜色一致，如图5-11所示。

STEP 12 在工具箱中选择"矩形工具"，参照图5-12，在视图中绘制深灰色矩形。

STEP 13 使用"文字工具"在视图中输入文本，完成标志图形的制作，效果如图5-13所示。

图5-11

图5-12

图5-13

STEP 14 使用"选择工具"选中绘制完整的标志图形，按住Alt键的同时拖动图形，将图形复制，如图5-14所示。

图5-14

STEP 15 选中火焰图形，在工具箱的底部单击"渐变"■按钮，为图形添加渐变效果，如图5-15所示。

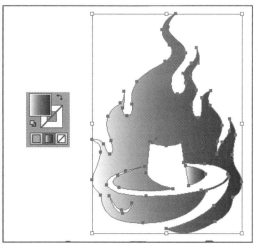

图5-15

STEP 16 在"渐变"面板中，单击"类型"下拉列表，设置渐变类型为"径向"，如图5-16所示。

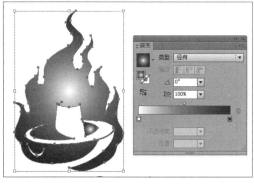

图5-16

STEP 17 在工具箱中选择"渐变工具"■，在视图中由下向上拖动，如图5-17所示。

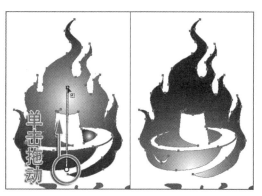

图5-17

STEP 18 在"渐变"面板中双击渐变条左侧的白色色标，在打开的面板中设置颜色为橘红色，如图5-18所示。

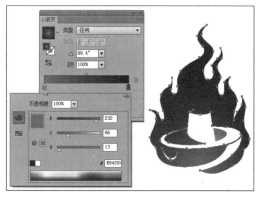

图5-18

STEP 19 继续更改渐变色的颜色变化，如图5-19所示。

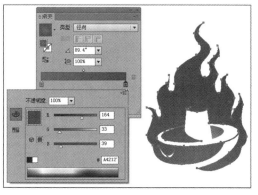

图5-19

STEP 20 完成渐变设置后发现，图形中有一块颜色没有变化。在"图层"面板中，将这两个图层的位置调换一下，如图5-20所示。

图5-20

STEP 21 执行"对象"→"复合路径"→
"建立"命令，创建复合路径，如图5-21所
示，统一图形的渐变变化。

图5-21

STEP 22 选中文字，双击工具箱中的"填
色"按钮，打开"拾色器"对话框，改变文
本的颜色，如图5-22所示。

图5-22

STEP 23 选中英文下面的矩形色块，选择工
具箱中的"吸管工具" ，在火焰图形渐变
上单击，效果如图5-23所示。

图5-23

STEP 24 在"渐变"面板中，将渐变"类型"
设置为"线性"，并通过拖动两个色标，调换
它们的位置，改变渐变的颜色方向，如图5-24
所示，最终得到如图5-25所示的标志效果。

图5-24

图5-25

知识点1 颜色基础

丰富多彩的颜色间存在着一定的差异，如果需要精确地划分色彩之间的区别，就要用到颜色模式了。所谓的色彩模式，是将色彩表示成数据的一种方法。在图形设计领域里，统一把色彩模式用数值表示。简单一点说，就是把色彩中的颜色分成几个基本的颜色组件，然后根据组件的不同而定义出各种不同的颜色。同时，对颜色组件不同的归类，就形成了不同的色彩模式。

Illustrator CS6支持很多种色彩模式，其中包括RGB模式、HSB模式、CMYK模式和灰度模式。在Illustrator CS6中，最常用的是CMYK模式和RGB模式，其中CMYK是默认的色彩模式。

1. HSB模式

在HSB模式中，H—Hue代表色相，S—Saturation代表饱和度，B—Brightness代表明度。HSB模式是以人们对颜色的感觉为基础，描述了颜色的3种基本特性，如图5-26所示。

H-色相
S-饱和度
B-明度

图5-26

2. RGB模式

RGB模式是最基本、使用最广泛的一种色彩模式。绝大多数可视性光谱，都是通过红色、绿色和蓝色这3种色光的不同比例和强度的混合来表示的。

在RGB模式中，R—Red代表红色，G—Green代表绿色，而B—Blue则代表蓝色。在这3种颜色的重叠处，可以产生青色、洋红、黄色和白色，如图5-27所示。每一种颜色都有256种不同的亮度值，也就是说，从理论上讲RGB模式就有256×256×256共约1600万多种颜色，这就是用户常常听到的"真彩色"一词的来源。

色相是从物体反射或透过物体传送的颜色。在0~360°的标准色轮上，可按位置度量色相。通常情况下，色相是以颜色的名称来识别的，如红、黄、绿色等。

饱和度也称彩度，它指的是色彩的强度和纯度。饱和度是色相中灰度所占的比例，用0%的灰色到100%完全饱和度的百分比来测量。在标准色轮上，饱和度是从中心到边缘逐渐递增的，饱和度越高就越靠近色环的外围，越低就越靠近中心。

明度是指颜色相对的亮度和暗度，通常情况下，也是按照0%黑色到100%白色的百分比来度量的。

由于人的眼睛在分辨颜色时，不会把色光分解成单色，而是按照它的色度、饱和度和亮度来判断的，所以HSB模式相对于RGB模式和CMYK模式更直观、更接近人的视觉原理。

虽然这1600万多种颜色仍不是肉眼所能看到的整个颜色范围，自然界的颜色也远远多于这1600万多种颜色，但是，如此多的颜色足已模拟出自然界的各种颜色了。

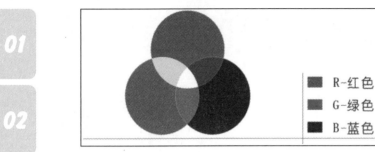

图5-27

由于RGB模式是由红、绿、蓝3种基本的颜色混合而产生各种颜色的，所以也称它为加色模式。当RGB的3种色彩的数值均为最小值0时，就会生成白色；当3种色彩的数值均为最大值255时，就生成了黑色。而当这3个值为其他时，所生成的颜色则介于这两种颜色之间。

在Illustrator中，还包含了一个修改RGB的模式，即网页安全模式，该模式可以在网络上适当的使用。

3. CMYK模式

CMYK模式为一种减色模式，也是Illustrator CS6默认的色彩模式。在CMYK模式中，C－Cyan代表青色，M－Magenta代表洋红色，Y－Yellow代表黄色，K－Black代表黑色。CMYK模式通过反射某些颜色的光并吸收另外颜色的光，而产生各种不同的颜色。在RGB模式中，由于字母B代表了黑色，为了不与之相混淆，所以，在单词Black中使用字母K代表黑色，如图5-28所示。

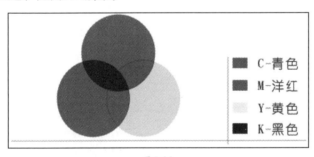

图5-28

CMYK模式以打印在纸上的油墨的光线吸收特性为基础，当白光照射到半透明的油墨上时，色谱中的一部分颜色被吸收，而另一部分则反射到了人的眼睛里。由于所有打印的油墨中都含有一定的杂质，因此这3种油墨则产生了土灰色。所以，只有与黑色油墨合成才能生成真正的黑色，这些油墨混合重现颜色的过程就称之为四色印刷。

减色和加色是互补的，每对减色产生一种加色，反之亦是。

设置CMYK模式中各种颜色的参数值，可以改变印刷的效果。在CMYK模式中，每一种印刷油墨都有0%~100%百分比值。最亮颜色指定的印刷油墨颜色百分比较低，而较暗颜色指定的百分比较高。例如，一个亮红色可能包括2%青色、93%的洋红色、90%的黄色和0%的黑色。在CMYK的印刷对象中，百分比较低的油墨将产生一种接近白色的颜色，而百分比较高的油墨将产生接近黑色的颜色。

4. 灰度模式

灰度模式中只存在颜色的灰度，而没有色度、饱和度等彩色信息。灰度模式可以使用256种不同浓度的灰度级，灰度值也可以使用0%白色到100%黑色的百分比来度量。使用黑白或灰度扫描仪生成的图像，通常以灰度模式显示。

在灰度模式中，可以将彩色的图形转换为高品质的灰度图形。在这种情况下，Illustrator会放弃原有图形的所有彩色信息，转换后的图形的色度表示原图形的亮度。

当从灰度模式向RGB模式转换时，图形的颜色值取决于其转换图形的灰度值。灰度图形也可转换为CMYK图形。

5. 色域

色域是颜色系统中可以显示或打印的颜色范围，人眼看到的色谱比任何颜色模式中的色域都宽。

通常，对于可在计算机或电视机屏幕上显示的颜色（红、绿和蓝光），RGB色域只包括这些颜色的子集，所以无法在显示器上精确地显示，如纯青色或纯黄色。CMYK的色域较窄，仅仅包含了使用油墨色打印的颜色范围。当在屏幕中无法显示出打印颜色时，这些颜色可能到了打印的CMYK色域外，此情况称之为溢色。

知识点2 颜色填充

通过给图形加上不同的颜色，会产生不同的感觉。可以通过使用Illustrator中的各种工具、面板和对话框为图形选择颜色。

1. "颜色"面板

可以利用"颜色"面板设置填充颜色和描边颜色。从"颜色"面板菜单中可以创建当前填充颜色或描边颜色的反色和补色，还可以为选定颜色创建一个色板。执行"窗口"→"颜色"命令，弹出"颜色"面板，单击"颜色"面

板右上角的三角形按钮，在面板菜单中选择当前取色时使用的颜色模式，即可使用不同颜色模式显示颜色值，如图5-29所示。

图5-29

"颜色"面板上的"默认填色和描边" 按钮用来恢复默认的填色和描边颜色，与工具箱中"默认填色和描边" 按钮的操作方法相同。

将光标移动到取色区域，光标变为吸管形状，单击可以选取颜色。拖动"颜色"面板各个颜色滑块或在各个文本框中输入颜色值，可以设置出更精确的颜色。

2. "色板"面板

从"色板"面板也可以选择颜色，执行"窗口"→"色板"命令，弹出"色板"面板。"色板"面板提供了多种颜色、渐变和图案，并且可以添加并存储自定义的颜色、渐变和图案，如图5-30所示。

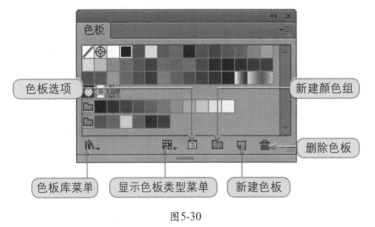

图5-30

色板库是预设颜色的集合，执行"窗口"→"色板库"命令或单击"色板库菜单" 按钮，可以打开色板库。打开一个色板库时，该色板库将显示在新面板中。执行"窗口"→"色板库"→"其他库"命令，在弹出的对话框中

注 意

单击"显示色板类型菜单" 按钮：选择"显示所有色板"命令，可以使所有的样本显示出来；选择"显示颜色色板"命令，仅显示颜色样本；选择"显示渐变色板"命令，仅显示渐变样本；选择"显示图案色板"命令，仅显示图案样本；选择"显示颜色组"命令，仅显示颜色组。

双击"色板"面板中的某一个颜色缩略图，会弹出"色板选项"对话框，可以设置其颜色属性，如下图所示。

可以将其他文件中的色板样本、渐变样本和图案样本导入到"色板"面板中。

3. 吸管工具

在Illustrator CS6软件中，应用"吸管工具" ✎ 可以吸取颜色，还可以用来更新对象的属性。

利用"吸管工具" ✎ 可以方便地将一个对象的属性按照另外一个对象的属性进行更新，操作方法如下。

选取需要更新属性的对象，在工具箱中选择"吸管工具" ✎ ，将光标移动到要复制属性的对象上并单击，则选择对象会按此对象的属性自动更新，如图5-31所示。

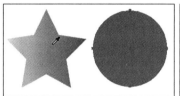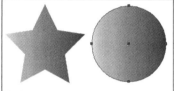

图5-31

知识点3　渐变填充

渐变填充是在同一个对象中，产生一种颜色或多种颜色向另一种或多种颜色之间逐渐过渡的特殊效果。在Illustrator CS6中，创建渐变效果有两种方法：一种是使用工具箱中的"渐变工具"，另一种是使用"渐变"面板。结合"颜色"面板，可以设置选定对象的渐变颜色；同时，还可以直接使用"色板"面板中的渐变样本。

1. "渐变"面板

执行"窗口"→"渐变"命令，弹出"渐变"面板，如图5-32所示。

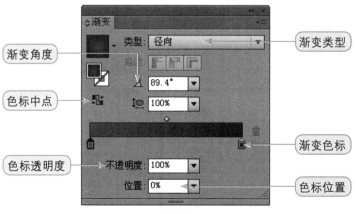

图5-32

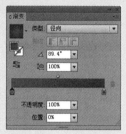

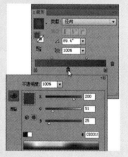

渐变颜色由渐变条中的一系列色标决定，色标是渐变从一种颜色到另一种颜色的转换点。可以选择"线性"或"径向"渐变类型；在"角度"文本框中显示当前的渐变角度，重新输入数值后按Enter键可以改变渐变的角度；单击渐变条下方的渐变色标，在"位置"文本框中显示出该色标的位置，拖动色标可以改变该色标的位置，如图5-33所示；调整渐变色标的中点（使两种色标各占50%的点），可以拖动位于渐变条上方的菱形图标；或选择图标并在"位置"文本框中输入0~100的值。

图5-33

2. 渐变类型

如果需要精确地控制渐变颜色的属性，就需要使用"渐变"面板。在"渐变"面板中，有两种不同的渐变类型，即"线性"渐变和"径向"渐变类型。

● 线性渐变

选取图形后，在工具箱中双击"渐变工具" 或执行"窗口"→"渐变"命令，弹出"渐变"面板，即可为图形填充渐变颜色。默认状态下，添加的就是线性渐变，效果如图5-34所示。

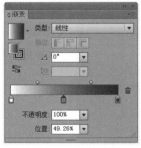

图5-34

● 径向渐变

单击"渐变"面板中"类型"下拉按钮，在弹出的列表中选择"径向"选项，效果如图5-35所示。

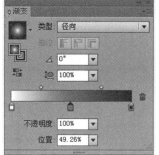

图5-35

知识点4 图案填充

图案填充可以使绘制的图形更加生动、形象。Illustrator CS6的"色板"面板中提供了一些预设图案，如图5-36所示。选中对象后，单击"色板"面板或是打开的"图案"面板中的图案按钮，即可为当前对象添加图案效果。

注 意

除了"色板"面板中提供的图案外，选择"窗口"→"色板库"→"图案"命令，在弹出的子菜单中可选择所需的图案效果。

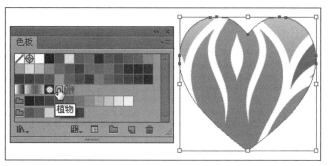

图5-36

知识点5 渐变网格填充

渐变网格是将网格和渐变填充完美地结合在一起，可以对图形应用多个方向、多种颜色的渐变填充，使色彩渐变更加丰富、光滑。

1.创建渐变网格

首先选取图形，然后使用"网格工具" 在图形中单击，将图形建立为渐变网格对象，在图形中增加了横竖两条线交叉形成的网格，如图5-37所示。继续在图形中单击，可以增加新的网格。在网格中横竖两条线交叉形成的点就是网格点，而横、竖线就是网格线。

选择需要添加渐变网格的对象，然后执行"对象"→

"创建渐变网格"命令，弹出"创建渐变网格"对话框。

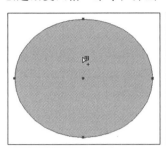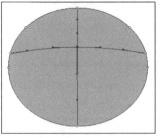

图5-37

在"创建渐变网格"对话框中设置好参数以后，单击"确定"按钮，可以为图形创建渐变网格的填充，如图5-38所示。

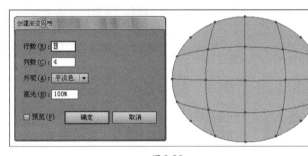

图5-38

2.编辑渐变网格

创建了渐变网格对象后，可以对其中的网格进行编辑和颜色方面的设置。

● 删除网格点

可以使用"网格工具"或"直接选择工具"选中网格点，然后按Delete键即可将网格点删除。

● 编辑网格颜色

使用"直接选择工具"选中网格点，然后在"色板"面板中单击需要的颜色块，可以为网格点填充颜色，如图5-39所示。

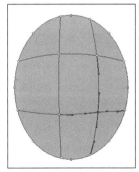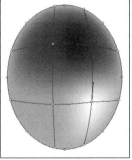

图5-39

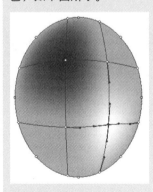

● 移动网格点

使用"网格工具" 或是"直接选择工具" 在网格点上单击并拖动网格点，可以移动网格点，拖动网格点的控制手柄可以调节网格线，如图5-40所示。

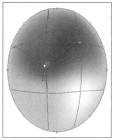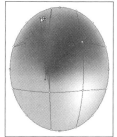

图5-40

知识点6 图形的轮廓与风格

在填充对象时，还包括对其轮廓线的填充。除了经常用到的较简单的轮廓线填充外，还可以进一步地对其进行设置，如更改轮廓线的宽度、形状，以及设置为虚线轮廓等。这些操作都可以在Illustrator CS6所提供的"描边"面板中来实现。

"图层样式"面板是Illustrator CS6中新增的面板，该面板中提供了多种预设的已经过轮廓线填充的图案，用户可从中进行选择，来为图形填充一种装饰性风格的图案，这样就无需用户花费时间与精力进行设置。

知识点7 使用符号进行工作

符号类似于Photoshop中的喷枪工具所产生的效果，可完整地绘制一个预设的图案。在默认状态下，"符号"面板中提供了18种漂亮的符号样本，用户可以在同一个文件中多次使用这些符号。

用户还可以创建出所需要的图形，并将其定义为"符号"面板中的新样本符号。当创建好一个符号样本后，可以在页面中对其进行一定的编辑，还可以对"符号"面板中预设的符号进行一些修改。当重新定义时，修改过的符号样本将替换原来的符号样本。如果不希望原符号被替换，可以将其定义为新符号样本，以增加"符号"面板中的符号样本的数量。

1.符号工具

使用工具箱中的符号工具组可以在页面中喷绘出多个无序排列的符号，并可对其进行编辑。Illustrator CS6工具箱中的

知 识

● "符号喷枪工具" ：可以在页面中喷绘"符号"面板中选择的符号图形。

● "符号移位器工具" ：可以在页面中移动应用的符号图形。

● "符号紧缩器工具" ：可以将页面中的符号图形向光标所在的点聚集，按住Alt键可使符号图形远离光标所在的位置。

● "符号缩放器工具" ：可以调整页面中符号图形的大小，直接在选择的符号图形上单击，可放大图形；按住Alt键在选择的符号图形上单击，可缩小图形。

● "符号旋转器工具" ：可以旋转页面中的符号图形。

● "符号着色器工具" ：可以用当前颜色修改页面中符号图形的颜色。

● "符号滤色器工具" ：可以降低符号图形的透明度，按住Alt键可以增加符号图形的透明度颜色。

● "符号样式器工具" ：可以将符号图形应用"图形样式"面板中选择的样式，按住Alt键可取消符号图形应用的样式。

符号工具组提供了8个符号工具，展开的符号工具组如图5-41所示。

图5-41

双击任意一个符号工具，将弹出"符号工具选项"对话框，如图5-42所示，可以设置符号工具的属性。

图5-42

2. "符号"面板的命令按钮

在"符号"面板的底部有6个命令按钮，如图5-43所示，分别用来对选取的符号进行不同的编辑。

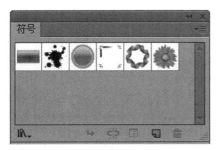

图5-43

● **创建符号**

创建符号主要有以下3种方法。

◆ 在页面中选择需要定义为符号的对象，再单击面板右上角的三角形按钮，在面板菜单中执行"新建符号"命令。

◆ 在页面中选择需要定义为符号的对象，再单击面板下方的"新建符号" 🔳 按钮。

◆ 在页面中选择需要定义为符号的对象，直接拖动到"符号"面板中，在弹出的"符号选项"对

提 示

Illustrator中自带的符号样本效果如下图所示。

知 识

"符号工具选项"对话框中选项含义如下。

● 直径：设置画笔的直径，是指选取符号工具后鼠标光标的形状大小。

● 强度：设置拖动鼠标时符号图形随鼠标变化的速度，数值越大，被操作的符号图形变化得越快。

● 符号组密度：设置符号集合中包含符号图形的密度，数值越大，符号集合包含的符号图形数目越多。

● 显示画笔大小和强度：选中该复选框，在使用符号工具时可以看到画笔，不选中此选项则隐藏画笔。

话框中定义名称，单击"确定"按钮后关闭对话框，图形添加进"符号"面板中，如图5-44和图5-45所示。

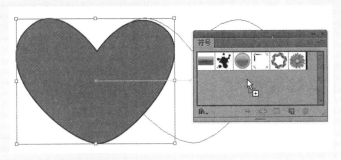

图5-44

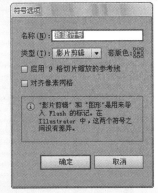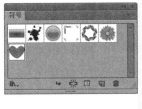

图5-45

- 应用符号

要将"符号"面板中的图形应用于页面中，主要有以下4种方法。

◆ 在"符号"面板中选择需要的符号图形，再单击面板下方的"置入符号实例" 按钮。

◆ 直接将选择的符号图形拖动到页面中。

◆ 在"符号"面板中选择需要的符号图形，再单击面板右上角三角形按钮，在面板菜单中执行"放置符号实例"命令。

◆ 在"符号"面板中选择需要的符号图形，选择"符号喷枪工具" ，在页面中单击或拖动鼠标可以同时创建多个符号范例，并且可以将多个符号范例作为一个符号集合，如图5-46所示。

3. 符号面板菜单

当用户需要对"符号"面板进行一些编辑，如更改其显示方式、复制样本等操作时，可通过面板菜单中的命令来完

成。单击面板右上角的三角按钮，就会弹出该面板的菜单，如图5-47所示。

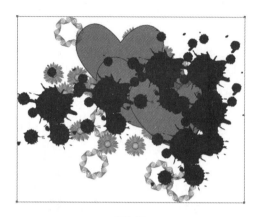

图5-46

图5-47

利用面板菜单可以设置各符号样本的显示方式，以及重新定义、复制符号等。其中执行"新建符号"命令、"删除符号"命令、"放置符号实例"命令、"断开符号链接"、"符号选项"和"打开符号库"命令，与该面板底部各对应的命令按钮的功能是相同的。

在该面板中有3种显示符号的方式，即缩略图式显示、小目录式显示以及大目录式显示。其中，默认的显示方式为缩略图式。用户执行面板菜单中的"缩览图视图"命令、"小列表视图"命令以及"大列表视图"命令，即可在不同的显示方式之间进行切换。

任务2　设计制作个性插画

💻 任务背景

　　某游戏公司近期推出一款海洋世界的网络游戏。为配合游戏的宣传工作，委托本公司设计制作以海洋、沙滩为主题的插画，其参考效果如图5-48所示。

图5-48

💻 任务要求

　　要求画面鲜亮、色彩温馨浪漫，且具备时尚气息。

💻 任务分析

　　阳光、彩虹、太阳伞、海洋动物为本插画的主体图案，整个画面采用暖色系，大量使用纯色作为图形的色彩变化，整体以活泼、健康、动感为基调，通过大胆的用色来增强画面的吸引力，达到吸引大众目光的目的。

💻 操作步骤

一、填空题

1. 在Illustrator CS6中，"_____"面板可对文档的符号进行管理。

2. 在Illustrator CS6中，使用符号样式工具并结合"_____"面板，可设置符号的样式。

3. 使用"_____"可调整符号集的透明度。在操作过程中，按住鼠标左键的时间_____，则其越透明；若按住_____键的同时单击符号，则可降低其透明度。

4. 在编辑符号时，如果不需要更改符号图形时，可以断开_____和_____的链接。

二、选择题

1. Illustrator CS6中提供了几种符号工具？（　　）

A. 2种

B. 4种

C. 6种

D. 8种

2. 当绘制好一个或多个符号对象后，使用下面哪种符号工具可对这些符号位置进行移动，同时还可调整符号的前后顺序？（　　）

A. 符号喷枪工具

B. 符号位移器工具

C. 符号紧缩器工具

D. 符号旋转器工具

3. 使用"符号喷枪工具"创建的是符号集图形，若要删除其中一个符号图形，可选择该工具后，按住（　　）键的同时单击所要删除的符号图形即可。

A. Shift

B. Tab

C. Ctrl

D. Alt

4. 使用下面哪种符号工具可改变符号的填充颜色？（　　）

A. 符号旋转器工具

B. 符号位移器工具

C. 符号着色器工具

D. 符号样式器工具

模 块

06 设计制作企业名片
——文字的使用

任务参考效果图：

能力目标：

1. 掌握创建文本和段落文本
2. 学会自己设计制作名片

专业知识目标：

1. 名片的制作常识
2. 如何编辑图文混排

软件知识目标：

1. 掌握字符格式和段落格式的设置
2. 掌握制表符的设置
3. 掌握文本的链接和分栏设置

课时安排：

2课时（讲课1课时，实践1课时）

Ai 模拟制作任务

任务1 锋尚视觉的名片设计

🖥 任务背景

为了统一企业形象，特为公司员工制作名片，以便于和客户交换信息和联系。

🖥 任务要求

要求设计的名片大方、简单，具有一定的艺术感，能体现行业类别。

🖥 任务分析

锋尚视觉设计是一家建筑装饰公司，在设计画面时，采用了一个罗马柱的剪影图形作为画面的主体图案，并安排在名片的一侧，既简洁，又显示出与众不同的视觉效果。正面除了罗马柱图案以外，只放了公司的标志。背面则包含了该员工的姓名、职位、联系方式等信息，并采用白色作为背景，使画面显得干净，且信息清晰明了，很好地将各种信息传递给阅读者。

🖥 最终效果

本任务最终效果文件在"光盘:\素材文件\模块06"目录下，操作视频在"光盘:\操作视频\模块06"目录下。

🖥 任务详解

STEP 01 执行"文件"→"新建"命令，创建一个新文件，如图6-1所示。

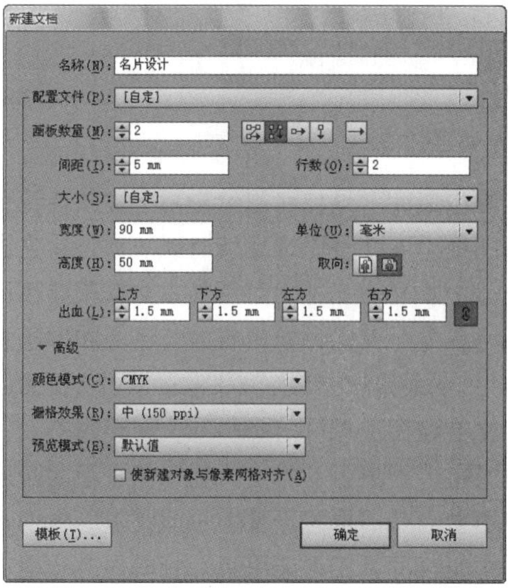

图6-1

STEP 02 使用工具箱中的"矩形工具" ▣，在视图中沿出血线的位置绘制矩形，如图6-2所示。

图6-2

STEP 03 设置矩形的填充颜色为褐色，并取消轮廓线的颜色填充，如图6-3所示。

STEP 04 使用工具箱中的"钢笔工具" ✒ 在名片右侧绘制白色的罗马柱图形，如图6-4所示。

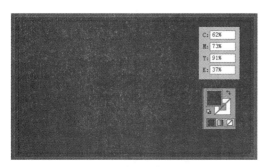

图6-3

图6-4

STEP 05 选择工具箱中的"文字工具" T，在视图中单击后输入文本，如图6-5所示。

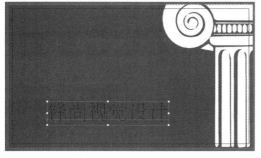

图6-5

STEP 06 保持文字为选中状态，在控制面板中单击"字符"右侧的字体下拉列表，为文本改变字体，如图6-6所示。

图6-6

STEP 07 继续在控制面板的"字体大小"参数栏中设置字体大小为17pt，效果如图6-7所示。

图6-7

STEP 08 在工具箱中双击"填色"按钮，打开"拾色器"对话框，设置字体颜色为白色，如图6-8所示。

图6-8

STEP 09 在工具箱中单击"描边"按钮，然后单击下侧的"颜色" □按钮，使用白色填充轮廓线，如图6-9所示。

图6-9

STEP 10 在控制面板中设置"描边"参数为0.2pt，如图6-10所示。

图6-10

STEP 11 继续使用"文字工具" T 在视图中输入英文，并使用"钢笔工具" ✐ 绘制标志，如图6-11所示。

图6-11

STEP 12 使用工具箱中的"选择工具" ▸ 拖动选中褐色的背景和罗马柱图形，在按住Alt键的同时拖动鼠标，将这两个图形复制，放在位于下面的画板中，如图6-12所示。

图6-12

STEP 13 保持复制的两个图形为选中状态，在视图中右击，在弹出的菜单中执行"变换"→"对称"命令，打开"镜像"对话框，参照图6-13设置，调整图形的状态，设置完毕后单击"确定"按钮关闭对话框。当前图形效果如图6-14所示。

图6-13

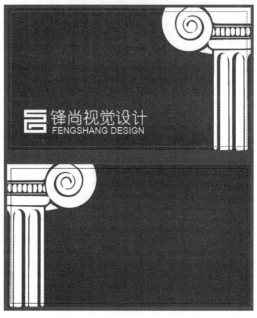

图6-14

STEP 14 设置矩形背景为白色，罗马柱图形为浅褐色，如图6-15所示。

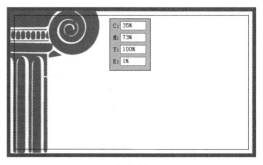

图6-15

STEP 15 继续使用"文字工具" T 在视图中输入文本，如图6-16所示。

图6-16

STEP 16 使用鼠标在文本上双击，并选中文本"尚"，在控制面板中将字体大小设置为22pt，如图6-17所示。

图6-17

STEP 17 在工具箱底部双击"填色"按钮，通过"拾色器"设置文字颜色为红色，如图6-18所示。

图6-18

STEP 18 最后在视图中添加其他相关的文字信息，完成该名片的设计制作，最终效果如图6-19所示。

图6-19

Ai 知识点拓展

知识点1　创建文本和段落文本

　　Illustrator CS6作为功能强大的矢量绘图软件，提供了十分强大的文本处理和图文混排功能，不仅可以像其他文字处理软件一样排版大段的文字，还可以把文字作为对象来处理。也就是说，可以充分利用Illustrator CS6中强大的图形处理能力来修饰文本，创建绚丽多彩的文字效果。

　　在Illustrator CS6中创建文本时，可以使用工具箱中所提供的文本工具。在其展开式工具栏中提供了6种文本工具，应用这些不同的工具，可以在工作区域上的任意位置创建横排或竖排的点文本，或者是区域文本。区域文本即在一个开放或闭合的路径内输入文本，该路径可以是用工具箱中的绘图工具所创建的图形，也可以是使用其他工具创建的不规则的路径，还可创建路径文本，即让文本沿着一个开放的路径进行排列。

　　当开始创建文本时，可将鼠标指向工具箱中的"文字工具" 按钮，按下左键并停留片刻，这时就会出现其展开式工具栏，单击左侧的三角形，就可以使文本的展开式工具栏从工具箱中分离出来，如图6-20所示。

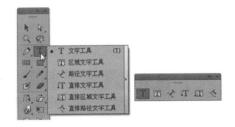

图6-20

　　展开的文字工具栏共有6个文字工具，分别是"文字工具" 、"区域文字工具" 、"路径文字工具" 、"直排文字工具" 、"直排区域文字工具" 、"直排路径文字工具" 。

　　在这些工具中，前3个工具可以创建水平的，即横排的文本；而后3个可以创建垂直的，即竖排的文本，这主要是针对汉语、日语和韩语等双字节语言而设置。

1. 文字工具的使用

　　选择"文字工具" 或"直排文字工具" ，可以直接输入沿水平方向和垂直方向排列的文本。

● **输入点文本**

当需要输入少量文字时，选择"文字工具" T 或"直排文字工具" T，在绘图页面中单击，出现插入文本光标，此时就可以输入文字了。这样输入的文字独立成行，不会自动换行，当需要换行时，按Enter键即可。

● **输入段落文本**

如果有大段的文字输入，选择"文字工具" T 或"直排文字工具" T，在页面中按住鼠标左键拖动，此时将出现一个文本框，拖动文本框到适当大小后释放鼠标左键，形成矩形的范围框，出现插入文本光标，此时即可输入文字。

在文字的输入过程中，输入的文字到达文本框边界时会自动换行。框内的文字会根据文本框的大小自动调整。如果文本框无法容纳所有的文本，文本框会显示"⊞"标记，如图6-21所示。

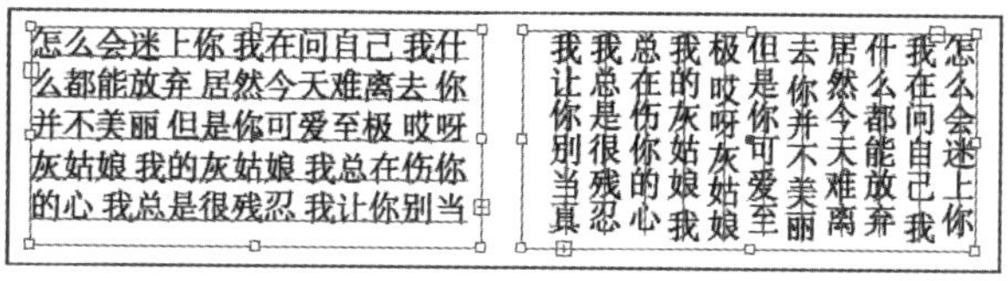

图6-21

2. 区域文字工具的使用

选取一个具有描边和填充颜色的图形对象，选择"文字工具" T 或"区域文字工具" T，将光标移动到路径的边线上，在路径图形对象上单击，此时路径图形中将出现闪动的光标，而且带有描边色和填充色的路径将变为无色，图形对象转换为文本路径。

如果输入的文字超出了文本路径所能容纳的范围，将出现文本溢出的现象，会显示"⊞"标记。使用"选择工具" 和"直接选择工具" 选中文本路径，调整文本路径周围的控制点来调整文本路径的大小，可以显示所有文字。使用"直排文字工具" T 或"直排区域文字工具" T 与使用"区域文字工具" T 的方法相同，在文本路径中可以创建竖排的文字，如图6-22所示。

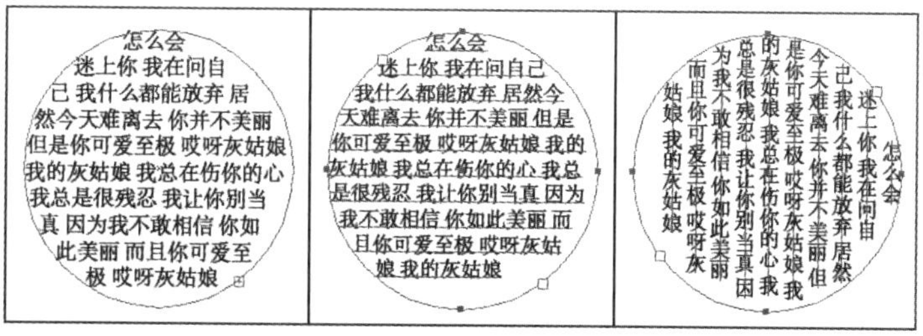

图6-22

01
02
03
04
05
06
07
08
09
10
11

知 识

分别使用"文字工具" T 和"直排文字工具" T 创建文本的效果如下图所示。

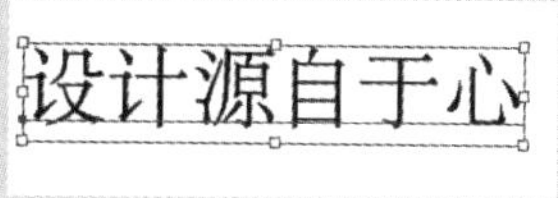

设计源自于心

设计源自于心

知 识

分别使用"文字工具" T 和"直排文字工具" T 创建段落文本的效果如下图所示。

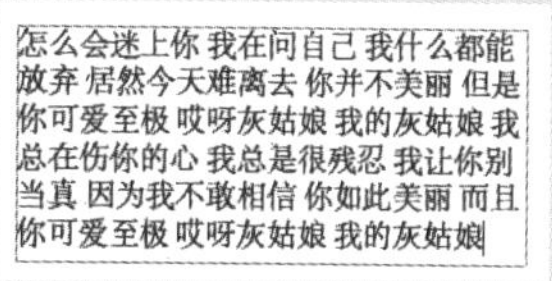

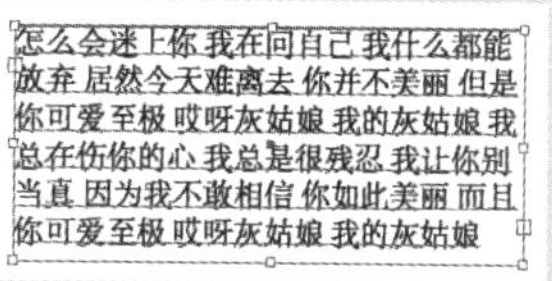

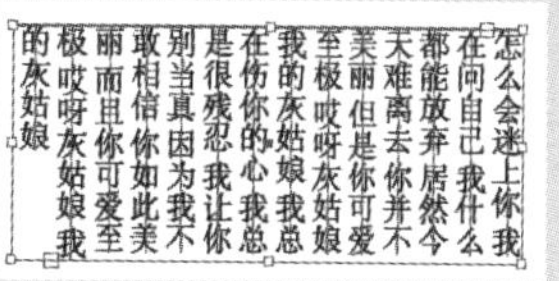

3.路径文字工具的使用

使用"路径文字工具" 和"直排路径文字工具" ，可以在页面中输入沿开放或闭合路径的边缘排列的文字。在使用这两种工具时，当前页面中必须先选择一个路径，然后再进行文字的输入。

使用"钢笔工具" 在页面中绘制一个路径，如图6-23左图所示。选择"路径文字工具" ，将光标放置在曲线路径的边缘处单击，出现闪动的光标，路径转换为文本路径，原来的路径将不再具有描边或填充的属性，如图6-23中图所示，此时即可输入文字。输入的文字将按照路径排列，文字的基线与路径是平行的，如图6-23右图所示。

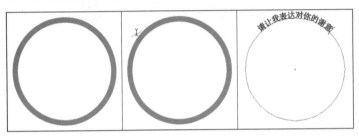

图6-23

如果对创建的路径文本不满意，可以对其进行编辑，使用"选择工具" 或"直接选择工具" ，选取要编辑的路径文本，文本中会出现"|"形符号。拖动"|"形符号，可沿路径移动文本，拖动文字结尾处的"|"形符号可隐藏或显示路径文本。按住"|"形符号向路径相反的方向拖动，文本会翻转方向，效果如图6-24所示。

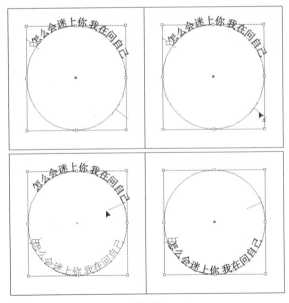

图6-24

114　Adobe Illustrator CS6
图形设计与制作 案例技能实训教程

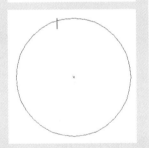

4. 编辑文本

编辑部分文字时，先选择“文字工具”T，移动鼠标光标到文本上，单击插入光标并按住鼠标左键拖动，即可选中部分文本。选中的文本将反白显示，如图6-25所示。

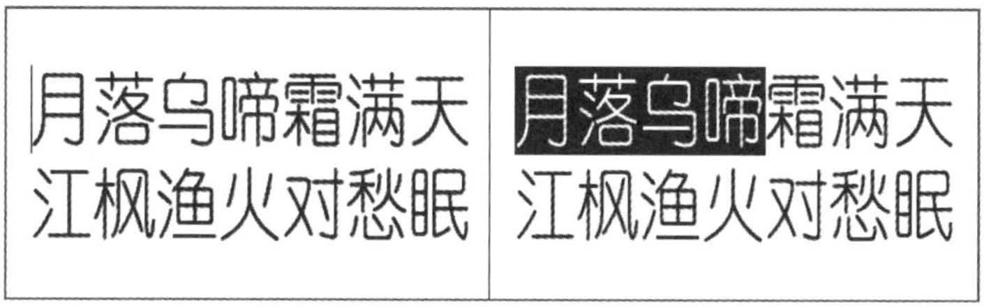
月落乌啼霜满天
江枫渔火对愁眠
月落乌啼霜满天
江枫渔火对愁眠

图6-25

使用“选择工具”在文本区域内双击，进入文本编辑状态。双击可以选中文字，如图6-26所示。

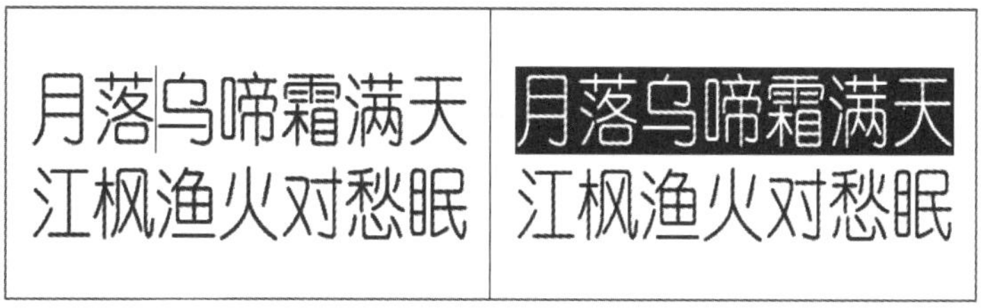
月落乌啼霜满天
江枫渔火对愁眠
月落乌啼霜满天
江枫渔火对愁眠

图6-26

文本对象可以任意调整，编辑文本之前，必须先选中文本对象。

使用“选择工具”单击文本，可以选中文本对象，用鼠标拖动可以移动其位置。执行“对象”→“变换”→“移动”命令，弹出“移动”对话框，可以通过设置数值来精确移动文本对象。选择“比例缩放工具”，可以对选中的文本对象进行缩放。执行“对象”→“变换”→“缩放”命令，弹出“比例”对话框，可以通过设置数值精确缩放文本对象。除此之外，还可以对文本对象进行旋转、倾斜、对称等操作。

使用“选择工具”单击文本框的控制点并拖动，可以改变文本框的大小，如图6-27所示。

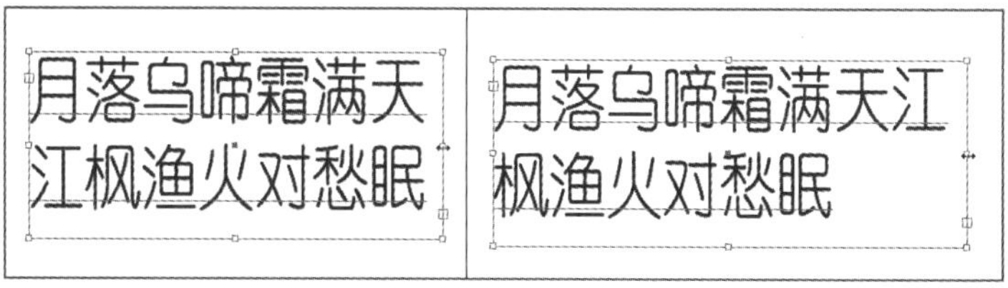
月落乌啼霜满天
江枫渔火对愁眠
月落乌啼霜满天江
枫渔火对愁眠

图6-27

利用“选择工具”和“直接选择工具”可以将文本框调整为各种各样的形状，其方法与使用“选择工具”和

知 识

使用“直排路径文字工具”与使用“路径文字工具”的方法相同，文字与路径是直排的，效果如下图所示。

月落乌啼霜满天江枫渔火对愁眠

技 巧

按Ctrl+A快捷键，可以全选文字，效果如下图所示。

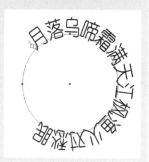

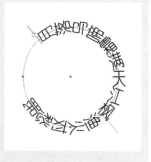

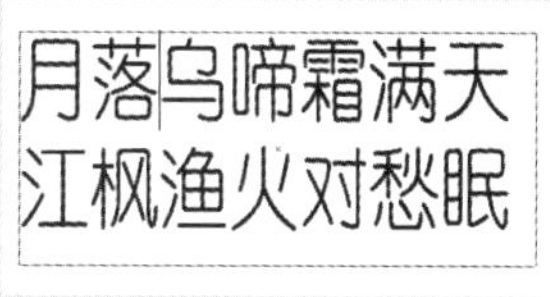
月落乌啼霜满天
江枫渔火对愁眠

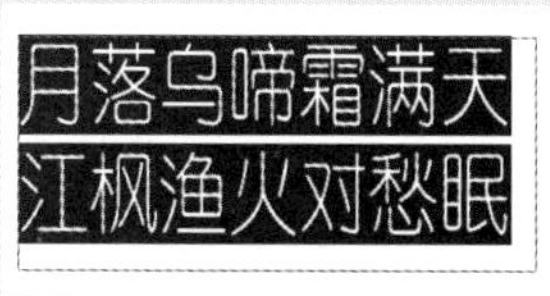
月落乌啼霜满天
江枫渔火对愁眠

"直接选择工具" ![icon]调整路径的方法相同，在调整过程中可以利用"添加锚点工具" ![icon]和"删除锚点工具" ![icon]在文本框上添加或删除锚点，也可以利用"转换锚点工具" ![icon]转换节点的属性，如图6-28所示。

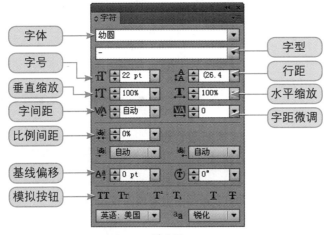

图6-28

知识点2 设置字符格式和段落格式

将文本输入后，需要设置字符的格式，如文字的字体、大小、字距、行距等，字符格式决定了文本在页面上的外观。可以在菜单中设置字符格式，也可以在"字符"面板中设置字符格式。

1.字符格式

使用文字工具选中所要设置字符格式的文字。执行"窗口"→"文字"→"字符"命令，或按Ctrl + T快捷键，弹出"字符"面板，如图6-29所示。

图6-29

- ◆ 字体：在下拉列表中选择一种字体，即可将选中的字体应用到所选的文字中。
- ◆ 字号：在下拉列表中选择合适的字号，也可以通过微调▼按钮来调整字号大小，还可以在文本框中直接输入所需要的字号大小。
- ◆ 行距：文本行间的垂直距离，如果没有自定义行距值，系统将使用自动行距。在下拉列表中选择合适

提示

文字和图形一样，具有填充和描边属性，也可以填充各种颜色、图案等，效果如下图所示。

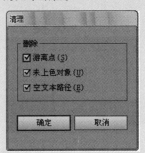

在对文本进行轮廓化之前，渐变的效果不能应用到文字上。

提示

执行"对象"→"路径"→"清理"命令，弹出"清理"对话框，如下图所示。选中"空文本路径"复选框，可以删除空的文本路径。

清理
删除
☑ 游离点(S)
☑ 未上色对象(U)
☑ 空文本路径(E)

确定   取消

的行距，也可以通过微调▼按钮来调整行距大小，还可以在文本框中直接输入所需要的行距大小。

- 字间距：⚹选项用来控制两个文字或字母之间的距离，如图6-30左图所示，⚹选项只有在两个文字或字符之间插入光标时才能进行设置。⚹选项可使两个或多个被选择的文字或字母之间保持相同的距离，如图6-30右图所示。

图6-30

- 水平缩放：保持文本的高度不变，只改变文本的宽度；对于竖排文字，会产生相反的效果。
- 垂直缩放：保持文本的宽度不变，只改变文本的高度，如图6-31所示。对于竖排文字，会产生相反的效果。

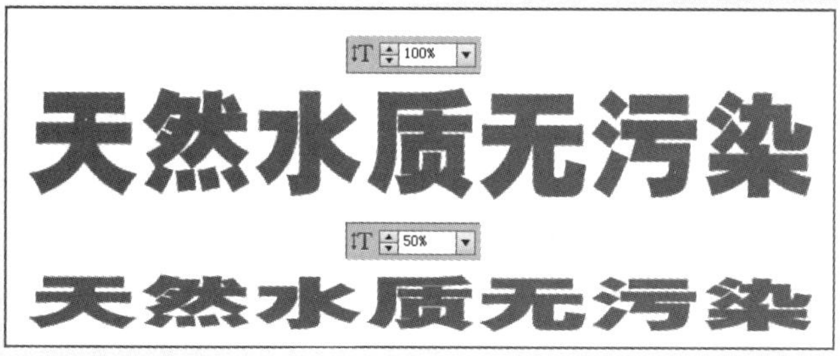

图6-31

- 基线偏移：改变文字与基线的距离。使用基线偏移可以创建上标或下标，如图6-32所示；或者在不改变文本方向的情况下，更改路径文本在路径上的排列位置。

图6-32

01
02
03
04
05
06
07
08
09
10
11

✦ 知 识

　调整字体行距的效果如下图所示。

✦ 技 巧

　快速预览字体效果的方法是：首先选择要更改字体的文字，然后使用鼠标在"字符"面板中的字体文本框中单击，然后按键盘上的上、下方向键，每按一次方向键，就会预览一种字体效果。

✦ 提 示

　如果是对一个段落进行操作，只需将光标插入该段即可；如果设定的是操作连续的多个段落，就必须将所要所有段落全部选取。

2. 段落格式

段落是位于一个段落回车符前的所有相邻的文本。段落格式是指为段落在页面上定义的外观格式，包括对齐方式、段落缩进、段落间距、制表符的位置等。可以对所选择的段落应用段落格式，或者改变具有某个特定段落样式的所有段落的格式。

使用文字工具选取要设定段落格式的段落，执行"窗口"→"文字"→"段落"命令，或按Ctrl + Alt + T快捷键，弹出"段落"面板，如图6-33所示，可以设置段落的对齐方式、左右缩进、段间距和连字符等。

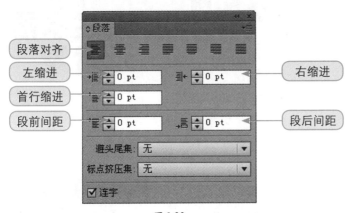

图6-33

提 示

在"首行缩进"参数栏内，当输入的数值为正数时，相对于段落的左边界向内缩排；当输入的数值为负数时，相对于段落的左边界向外凸出。

◆ 段落缩进

段落缩进是指从文本对象的左、右边缘向内移动文本。其中"首行缩进" 只应用于段落的首行，并且是相对于左侧缩进进行定位的。在"左缩进" 和"右缩进" 参数栏中，可以通过输入数值来分别设定段落的左、右边界向内缩排的距离。输入正值时，表示文本框和文本之间的距离拉大；输入负值时，表示文本框和文本之间的距离缩小。

◆ 段落间距

为了阅读方便，经常需要将段落之间的距离设定大一些，以便于更加清楚地区分段落。在"段前间距" 和"段后间距" 参数栏中，可以通过输入数值来设定所选段落与前一段或后一段之间的距离。

◆ 对齐方式

Illustrator CS6对齐方式包含"左对齐" 、"居中对齐" 、"右对齐" 、"两端对齐，末行左对齐" 、"两端对齐，末行居中对齐" 、"两端对齐，末行右对齐" 、"全部两端对齐" 。段落对齐方式效果如图6-34所示。

知 识

执行"文字"→"显示隐藏字符"命令，或按Ctrl + Alt + I快捷键，可以显示出文本的标记，包括硬回车、软回车、制表符等。

中文的文章通常会避免让逗号、右引号等标点出现在行首，在"段落"面板中"避头尾集"下拉列表中选择"避头尾设置"，弹出一个对话框，详细设置各选项，即可应用避头尾功能。

图6-34

◆ 智能标点

执行"文字"→"智能标点"命令,弹出"智能标点"对话框,如图6-35所示。"智能标点"命令可搜索键盘标点字符,并将其替换为相同的印刷体标点字符。此外,如果字体包括连字符和分数符号,可以使用"智能标点"命令统一插入连字符和分数符号。

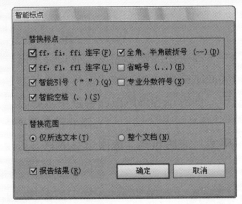

图6-35

◆ 连字

连字是针对罗马字符而言的。当行尾的单词不能容纳在同一行时,如果不设置连字,则整个单词就会转到下一行;如果使用了连字,可以用连字符使单词分开在两行,这样就不会出现字距过大或过小的情况了,如图6-36所示。

在"段落"面板中选中"连字"复选框,即可启用自动连字符连接。从"段落"面板菜单中选中"连字"命令,弹出"连字"对话框,可详细设置各选项,如图6-37所示。

提 示

实际段落间的距离是前段的段后距离加上后段的段前距离。

知 识

"智能标点"对话框中选项含义如下。

● ff、fi、ffi 连字:将 ff、fi 或 ffi 字母组合转换为连字。

● ff、fl、ffl 连字:将 ff、fl 或 ffl 字母组合转换为连字。

● 智能引号:将键盘上的直引号改为弯引号。

● 智能空格:消除句号后的多个空格。

● 全角、半角破折号:用半角破折号替换两个键盘破折号,用全角破折号替换3个键盘破折号。

● 省略号:用省略点替换3个键盘句点。

● 专业分数符号:用同一种分数字符替换分别用来表示分数的各种字符。

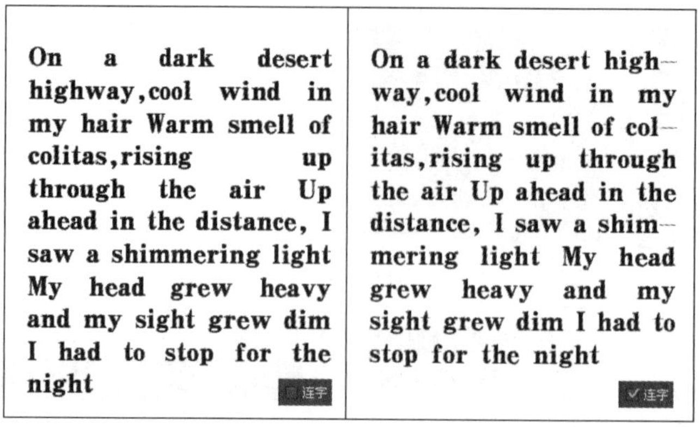

On a dark desert highway,cool wind in my hair Warm smell of colitas,rising up through the air Up ahead in the distance, I saw a shimmering light My head grew heavy and my sight grew dim I had to stop for the night
连字
On a dark desert high-way,cool wind in my hair Warm smell of col-itas,rising up through the air Up ahead in the distance, I saw a shim-mering light My head grew heavy and my sight grew dim I had to stop for the night
连字

图6-36

连字
连字(H)
单词长度超过(W):
个字母
断开前(A): 2
个字母
断开后(B): 2
个字母
连字符限制(L): 0
个连字符
连字区(Z): 36 pt
较佳间距
较少连字符
连接大写的单词(C)
预览(P)
确定
取消

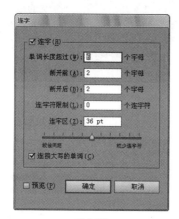

图6-37

知识点3　设置制表符

制表符用来在文本对象中的特定位置定位文本。执行“窗口”→“文字”→“制表符”命令，或按Ctrl + Shift + T快捷键，弹出“制表符”面板，如图6-38所示。使用该面板可以设置缩进和制表符。

制表符
X: 0 mm
前导符:
对齐位置
星期一星期二星期三
MonTueWed
英语语文数学
化学物理体育
生物历史地理
自习自习自习

图6-38

知 识

“连字”对话框中选项含义如下。

- 单词长度超过：指定用连字符连接的单词的最少字符数。
- 断开前和断开后：指定可被连字符分隔的单词开头或结尾处的最少字符数。例如，将这些值指定为3时，aromatic将断为aro-matic，而不是ar-omatic或aromat-ic。
- 连字符限制：指定可进行连字符连接的最多连续行数。0表示行尾处允许的连续连字符没有限制。
- 连字区：从段落右边缘指定一定边距，划分出文字行中不允许进行连字的部分。设置为0时允许所有连字。此选项只有在使用“Adobe单行书写器”时才可使用。
- 连接大写的单词：选择此选项可防止用连字符连接大写的单词。

提 示

单击“制表符”面板右上角的三角形按钮，在面板菜单中执行“重复制表符”命令，可根据制表符与左缩进或前一个制表符定位点间的距离创建多个制表符。将制表符拖离制表符标尺，可删除制表符。在面板菜单中执行“清除全部制表符”命令，可恢复默认制表符。

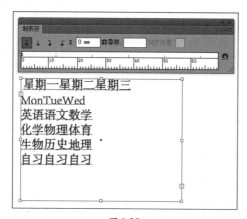

1．设置制表符

使用"文字工具" 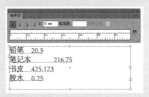在需要加入空白的文字前单击，此时会出现闪动的文字插入光标。按Tab键，加入Tab空格。用同样的方法，在其他需要对齐的文字前加入Tab空格，如图6-39所示。

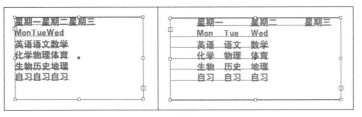

图6-39

执行"窗口"→"文字"→"制表符"命令，或按Ctrl＋Shift＋T快捷键，弹出"制表符"面板，如图6-40所示。

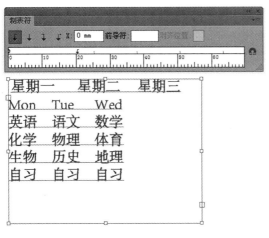

图6-40

单击"居中对齐制表符" ↓按钮，然后在"制表符"面板中对齐"星期"字样的位置单击，并调整添加上去的箭头位置，设置文本的对齐方式，效果如图6-41所示。

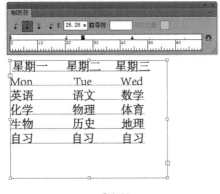

图6-41

2. 小数点对齐

可使用文字工具在每一个要对齐的数字前加入一个Tab空格。选中所有要设置的文字，执行"窗口"→"文字"→"制表符"命令，或按Ctrl + Shift + T快捷键，弹出"制表符"面板。在"制表符"面板中，单击"小数点对齐制表符"按钮。在标尺上的适当位置单击，可放置制表符。

3. 制表符前导符

制表符前导符能使目录或清单更加清晰明了，可以沿着前导符方便地阅读两边的内容或条目，增强可读性。使用文字工具在要设置制表符前导符的文字前加入一个Tab空格，选中所有要设置的文字段落内容，执行"窗口"→"文字"→"制表符"命令，或按Ctrl + Shift + T快捷键，弹出"制表符"面板。在标尺上的适当位置单击，放置制表符。在"前导符"文本框中输入一种最多包含8个字符的模式，然后按Enter键。在制表符的宽度范围内，将重复显示所输入的字符。

知 识

输入前导符的效果如下图所示。

知识点4 文本转换为轮廓

将文本转化为轮廓后，可以像其他图形对象一样进行渐变填充、应用滤镜等，可以创建更多种特殊文字效果。

当对文本添加渐变时，文本会变为黑色，如图6-42图①所示。使用"选择工具"选中文本对象，在视图中右击，在弹出的菜单中执行"创建轮廓"命令，或按Ctrl + Shift + O快捷键，将文本转换为图形，如图6-42图②所示；可以对文本进行渐变填充，如图6-42图③所示；还可以对文本应用效果，如图6-42图④所示。

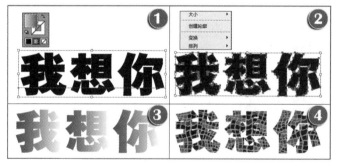

图6-42

提 示

文本转化为轮廓后，将不再具有文本的属性。

知识点5 文本链接和分栏

在Illustrator CS6 中，可以为隐藏的文本创建文本链接，也可以对一个选中的段落文本对象进行分栏。

1. 创建文本链接

当文本块中有被隐藏的文字时，可以通过调整文本框的大小显示所有的文本，也可以将隐藏的文本链接到另一个文本框中，还可以进行多个文本框的链接。

首先创建一个文本框或绘制一个闭合路径，然后利用"选择工具" 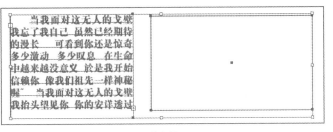 将新建的文本框或闭合路径与有文本隐藏的文本块同时选中，如图6-43所示。

图6-43

执行"文字"→"串接文本"→"创建"命令，即可将隐藏的文字移动到新绘制的文本框或闭合路径中，如图6-44所示。

图6-44

执行"文字"→"串接文本"→"释放所选文字"命令，可以解除各文本框之间的链接状态，如图6-45所示。

图6-45

2. 创建文本分栏

选中要进行分栏的文本块，执行"文字"→"区域文字选项"命令，弹出"区域文字选项"对话框，如图6-46所示。

在"行"选项组"数量"参数栏中输入行数，所有的行自定义为相同的高度，建立文本分栏后可以改变各行的高度；"跨距"参数栏用于设置行的高度。

知识

单击⊞标记，光标变为 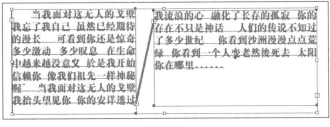，在页面单击或拖动绘制一个文本框，也可创建链接文本，如下图所示。

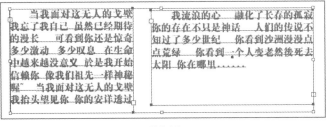

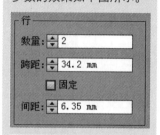

图6-46

在"列"选项组"数量"参数栏中输入列数，所有的栏自定义为相同的宽度，建立文本分栏后可以改变各列的宽度；"跨距"参数栏用于设置栏的宽度。

单击"文本排列"选项后的图标按钮，选择一种文本流在链接时的排列方式，每个图标上的方向箭头指明了文本流的方向，效果如图6-47所示。

图6-47

设置"区域文字选项"对话框"行"选项组参数的效果如下图所示。

知识点6　设置图文混排

在Illustrator CS6中，可以在文本中插入多个图形对象，并使所有的文本围绕着图形对象轮廓线边缘进行排列。在进行图文混排时，操作对象必须是文本块中的文本或区域文本，而不能是点文本或路径文本。在文本中插入的图形可以是任意形状的图形，如自由形状的路径或混合对象，或者是置入的位图，但用画笔工具创建的对象除外。

在进行图文混排时，必须使图形在文本的前面，如果是在创建图形后才键入文本，可执行"排列"→"前移一层"命令或"排列"→"置于顶层"命令将图形对象放置在文本前面。在操作时，可用选择工具同时选中文本和图形对象，然后执行"对象"→"文本绕排"→"建立"命令。

设置"区域文字选项"对话框中"列"选项组参数的效果如下图所示。

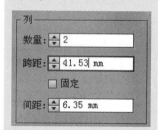

任务2　设计制作台历

⊞ 任务背景

为发行的台历设计制作漂亮的画面，以提高台历的销售量，其参考效果如图6-48所示。

图6-48

⊞ 任务要求

画面简洁、温馨，能够吸引人。

⊞ 任务分析

画面背景以白色和红色为主，以晕染风格的画面作为背景，然后通过使用制表符功能制作台历的日期。

⊞ 操作步骤

Ai 职业技能考核

一、填空题

1. "_____工具"就是将文字沿着指定的路径进行排版，该功能具有较强的灵活性，从而丰富了整个画面的效果。

2. "编辑"菜单下的"拼写检查"命令对_____语种有效。

3. 在使用"直排文字工具"时，当文字输入完成后，需要单击"_____工具"，才可结束文字的输入。

4. 在"段落"面板中，段落缩进的方式有3种，分别是_____、_____及_____。

二、选择题

1. 下列关于文字功能的描述，不正确的是（　　）。
   A. 可设定段前距
   B. 可设定复合字体
   C. 可进行文字绕图
   D. 可将TrueType字体转成图形

2. 下列关于文字处理的描述，不正确的是（　　）。
   A. 可将某些文字转换为图形
   B. 文字可沿路径进行水平或垂直排列
   C. 文字是不能执行绕图操作的
   D. 文字可在封闭区域内进行排列

3. Illustrator CS6中提供了（　　）种文字工具。
   A. 2
   B. 4
   C. 6
   D. 7

4. 在Illustrator的"段落"面板中，提供了7种文字的对齐方式，下列哪种方式不包含？（　　）
   A. 左对齐
   B. 右对齐
   C. 居中对齐
   D. 强制齐行

模 块 07 设计制作就业人数统计表 ——编辑图表

任务参考效果图：

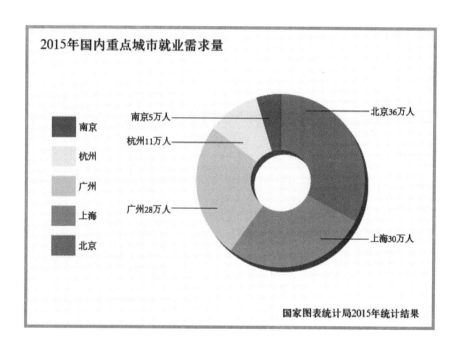

2015年国内重点城市就业需求量

南京5万人
杭州11万人
北京36万人
广州28万人
上海30万人

南京
杭州
广州
上海
北京

国家图表统计局2015年统计结果

能力目标：

1. 学会制作图表
2. 灵活应用图标及其他功能制作漂亮的图表

软件知识目标：

1. 掌握图表的创建方法
2. 掌握图表的设置方法
3. 掌握使用图案图表的操作

专业知识目标：

1. 图表专业知识
2. 添加并编辑图表
3. 拆分图表

课时安排：

2课时（讲课1课时，实践1课时）

任务1　就业人数统计图表的设计

💻 任务背景

　　某调查公司应某市人事局委托，对来年的工作就业岗位数量进行了总结，并委托本公司对多个大城市的调查结果做成图表形式，方便人们查看。

💻 任务要求

　　画面设计要求简洁大方，突出图表的数值及名称，最好将图表以新颖的方式展现出来，图表信息传达正确并使人一目了然。

💻 任务分析

　　为了使图表看起来不那么单调，在生成图表后，将图表拆分开，分别对颜色、位置重新进行了安排，制作了一个彩色圆环、并带有黑色投影效果的图表。

💻 最终效果

　　本任务最终效果文件在"光盘:\素材文件\模块07"目录下，操作视频在"光盘:\操作视频\模块07"目录下。

💻 任务详解

STEP 01 执行"文件"→"新建"命令，创建新文档，如图7-1所示。

图7-1

STEP 02 使用"矩形工具" ▣ 在视图中绘制淡蓝色背景，并在"图层"面板中将其锁

定，如图7-2所示。

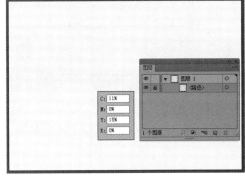

图7-2

STEP 03 使用"饼图工具" ◕ 在视图中单击，参照图7-3，在弹出的"图表"对话框中进行设置。

STEP 04 单击对话框中的"确定"按钮，参照图7-4，在弹出的对话框中输入数值。

图7-3

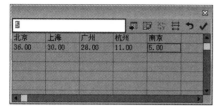

图7-4

STEP 05 单击"应用" ✓ 按钮，创建图表，如图7-5所示，关闭对话框。

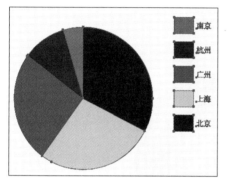

图7-5

STEP 06 选中图表，执行"对象"→"取消编组"命令，在弹出的提示对话框中单击"是"按钮，关闭对话框，取消图形的编组。再选中图形，右击鼠标，在弹出的菜单中执行"取消编组"命令，将图表图形分解开，依次选中每一部分图形并更改颜色，如图7-6所示。

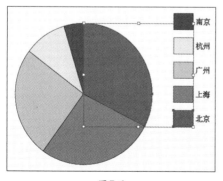

图7-6

STEP 07 选中所有色块，在工具箱中取消轮廓色的填充，如图7-7所示。

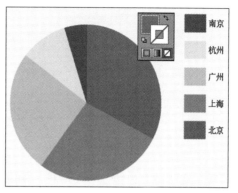

图7-7

STEP 08 此时，文字旁边的矩形色块仍与图表图形编组，依次选中每个色块组并取消它们的编组状态，参照图7-8所示，调整图例的位置。

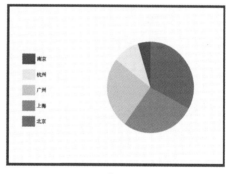

图7-8

STEP 09 使用"椭圆工具" ⬭ 绘制椭圆，将其复制后，按Ctrl + Shift + V快捷键就地粘贴，将椭圆原位复制，如图7-9所示。使用"路径查找器"面板，利用每个椭圆对图表进行修剪，效果如图7-10所示。

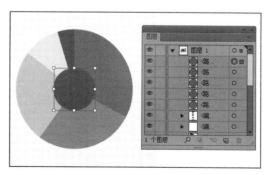

图7-9

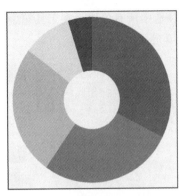

图7-10

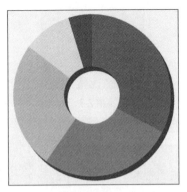

图7-11

STEP 10 选中所有剪切过的图形将其编组，然后将编组过的图形复制一份，将位于下层的图形填充为深灰色并调整位置，效果如图7-11所示。

STEP 11 最后使用"文字工具" T 在视图中添加相关文字信息，并使用"直线段工具" 绘制连接线，完成该图表的制作，最终效果如图7-12所示。

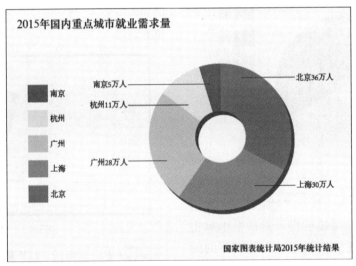

图7-12

Ai 知识点拓展

知识点1　创建图表

在对各种数据进行统计和比较时，为了获得更加精确、直观的效果，可以用图表的方式来表述。Illustrator CS6提供了多种图表类型和强大的图表功能。

1. 图表工具

展开的图表工具组如图7-13所示，共有9个图表工具，分别是"柱形图工具" 、"堆积柱形图工具" 、"条形图工具" 、"堆积条形图工具" 、"折线图工具" 、"面积图工具" 、"散点图工具" 、"饼图工具" 、"雷达图工具" 。

图7-13

2. 图表类型

选择这9种不同的图表工具，可以创建出不同类型的图表，根据不同的需要选择相应的工具。

● 柱形图表

柱形图是最常用的图表表示方法，柱的高度与数据大小成正比。选择"柱形图工具" ，在页面上任意位置单击，弹出"图表"对话框。在"宽度"和"高度"文本框中输入图表的宽度和高度数值，单击"确定"按钮，将自动在页面中建立图表，同时弹出图表数据输入框，如图7-14所示。

图7-14

在图表数据输入框左上方的文本框中可以直接输入各种文本或数值，然后按Enter键或Tab键确认，文本或数值将会自动添加到单元格中，如图7-15所示。用鼠标单击，可以选取各

> **知　识**
>
> 图表设计有着自身的表达特性，尤其对时间、空间等概念的表达和一些抽象思维的表达，具有文字和言辞无法取代的传达效果。图表表达的特性归纳起来有如下几点。
>
> ● 首先具有表达的准确性，对所表示事物的内容、性质或数量等的表达应该准确无误。
>
> ● 第二是信息表达的可读性，即图表应该通俗易懂，尤其是用于大众传达的图表。
>
> ● 第三是图表设计的艺术性，图表是通过视觉来完成信息传递的，必须考虑到人们的欣赏习惯和审美情趣，这也是区别于文字表达的艺术特性。

> **知　识**
>
> 在页面中按住鼠标左键，拖出一个矩形框，也可以在页面中建立图表，同时弹出图表数据输入框。

个单元格，输入要修改的文本或数值后，可按Enter键确认。也可以从其他应用程序中复制、粘贴数据。

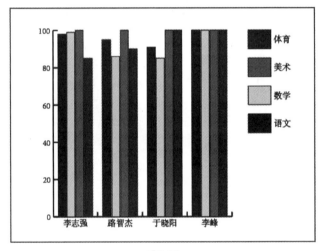

图7-15

在图表数据输入框中单击右上角的"应用" 按钮，即可生成柱形图表，如图7-16所示。

图7-16

当需要对图表中的数据进行修改时，先选中要修改的图表，执行"对象"→"图表"→"数据"命令，弹出图表数据输入框，可以再修改数据。设置好数据后，单击"应用" 按钮，将修改好的数据应用到选定的图表中。

● 堆积柱形图表

堆积柱形图表与柱形图表类似，只是显示方式不同，柱形图表显示为单一的数据比较，而堆积柱形图表显示的是全部数据总和的比较，如图7-17所示。因此，在进行数据总量的比较时，多用堆积柱形图表来表示。

● 条形图表与堆积条形图表

条形图表与柱形图表类似，只是柱形图表是以垂直方向上的矩形显示图表中的各组数据，而条形图表是以水平方向上的矩形来显示图表中的数据，如图7-18左图所示。堆积条形

图表与堆积柱形图表类似，但是堆积条形图表是以水平方向的矩形条来显示数据总量的，与堆积柱形图表正好相反，如图7-18右图所示。

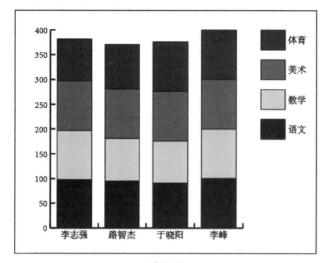

图7-17

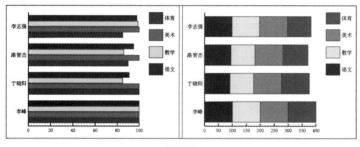

图7-18

- 折线图表

折线图表可以显示出某种事物随时间变化的发展趋势，它将很明显地表现出数据的变化走向。折线图表也是一种比较常见的图表，给人以直接明了的视觉效果。

- 面积图表

面积图表与折线图表类似，区别在于面积图表是利用折线下的面积而不是折线来表示数据的变化情况。

- 散点图表

散点图表与其他图表不太一样，它可以将两种有对应关系的数据同时在一个图表中表现出来。散点图表的横坐标与纵坐标都是数据坐标，两组数据的交叉点形成了坐标点。"切换x/y" 按钮是专为散点图表设计的，可调换X轴和Y轴的位置。

- 饼形图表

饼图是一种常见的图表，适用于一个整体中各组成部分

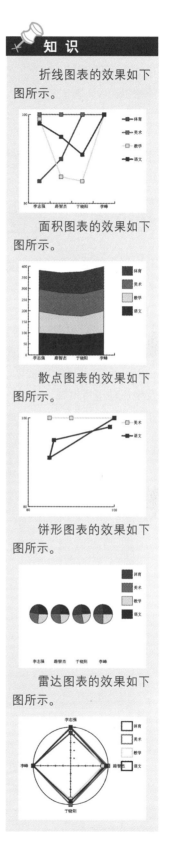

的比较，该类图表应用的范围比较广。饼图的数据整体显示为一个圆，每组数据按照其在整体中所占的比例，以不同颜色的扇形区域显示出来。饼图不能准确地显示出各部分的具体数值。

● 雷达图表

雷达图表是以一种环形的形式对图表中的各组数据进行比较，形成比较明显的数据对比，雷达图表适合表现一些变化悬殊的数据。

知识点2　设置图表

Illustrator CS6可以重新调整各种类型图表的选项，可以更改某一组数据，还可以解除图表组合、应用笔画或填充颜色。

1. "图表类型"对话框

执行"对象"→"图表"→"类型"命令，或双击任意图表工具，将弹出"图表类型"对话框，如图7-19所示，利用该对话框可以更改图表的类型，并可以对图表的样式、选项及坐标轴进行设置。

图7-19

● 更改图表类型

在页面中选择需要更改类型的图表，双击任意图表工具，在弹出的"图表类型"对话框中选择需要的图表类型，然后单击"确定"按钮，即可将页面中选择的图表更改为指定的图表类型。

知 识

　　"图表类型"对话框中，当"列宽"和"簇宽度"大于100%时，相邻的柱形条就会重叠在一起，甚至会溢出坐标轴。

知 识

　　在柱形图表、堆积柱形图表、条形图表、堆积条形图表的"选项"选项组中，"列宽"是指图表中每个柱形条的宽度，"条形宽度"是指图表中每个条形的宽度，"簇宽度"是指所有柱形或条形所占据的可用空间。

● 指定坐标轴的位置

除了饼形图表外，其他类型的图表都有一条数值坐标轴。在"图表类型"对话框的"数值轴"下拉列表中包括"位于左侧"或"位于上侧"、"位于右侧"或"位于下侧"和"位于两侧"3个选项，分别用来指定图表中坐标轴的位置。选择不同的图表类型，其"数值轴"中的选项也不完全相同。

● 设置图表样式

选择"样式"选项组的各选项可以为图表添加特殊的外观效果。

◆ 添加投影：在图表中添加一种阴影效果，使图表的视觉效果更加强烈。

◆ 在顶部添加图例：图例将显示在图表的上方。

◆ 第一行在前：图表数据输入框中第一行的数据所代表的图表元素在前面。对于柱形图表、堆积柱形图表、条形图表、堆积条形图表，只有"列宽"或"条形宽度"大于100%时才会得到明显的效果。

◆ 第一列在前：图表数据输入框中第一列的数据所代表的图表元素在前面。对于柱形图表、堆积柱形图表、条形图表、堆积条形图表，只有"列宽"或"条形宽度"大于100%时才会得到明显的效果。

● 设置图表选项

除了面积图表以外，其他类型的图表都有一些附加选项可供选择，在"图表类型"对话框中选择不同的图表类型，其"选项"选项组中包含的选项也各不相同。下面分别对各类型图表的选项进行介绍。

柱形图表、堆积柱形图表、条形图表、堆积条形图表的选项如图7-20所示。

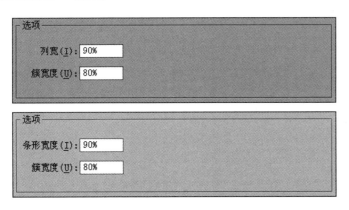

图7-20

知 识

在折线图表、雷达图表的"选项"选项组中，选中"标记数据点"复选框，将使数据点显示为正方形，否则直线段中间的数据点不显示。选中"连接数据点"复选框，将在每组数据点之间进行连线，否则只显示一个个孤立的点。选中"线段边到边跨X轴"复选框，连接数据点的折线将贯穿水平坐标轴。选中"绘制填充线"复选框，将激活其下方的"线宽"数值框。

折线图表、雷达图表的选项内容如图7-21所示。

图7-21

散点图表的选项内容如图7-22所示，除了缺少"线段边到边跨X轴"选项之外，其他选项与折线图表和雷达图表的选项相同。

图7-22

饼图的选项内容如图7-23所示。

图7-23

2. 设置坐标轴

在"图表类型"对话框顶部的下拉列表中选择"数值轴"选项，选项如图7-24所示。

图7-24

◆ 刻度值：选中"忽略计算出的值"复选框时，下方的3个数值框将被激活，"最小值"选项表示坐标轴的起始值，也就是图表原点的坐标值；"最大值"选项表示坐标轴的最大刻度值；"刻度"选项用来决定将坐标轴上下分为多少部分。

◆ 刻度线："长度"下拉列表中包括3项，选择"无"选项表示不使用刻度标记；选择"短"选项表示使用短的刻度标记；选择"全宽"选项表示刻度线将贯穿整个图表。"绘制"选项表示相邻两个刻度间的刻度标记条数。

◆ 添加标签："前缀"选项是指在数值前加符号；"后缀"选项是指在数值后加符号。

知 识

在"选项"选项组中，"排序"选项用于控制图表元素的排列顺序，在其下拉列表中的"全部"选项是将元素信息由大到小顺时针排列；"第一个"选项是将最大值元素信息放在顺时针方向的第一个，其余按输入顺序排列；"无"选项是按元素的输入顺序顺时针排列。

选择"图标类型"下拉列表中的"类别轴"选项，弹出新的对话框，如图7-25所示。

图7-25

知识点3　使用图表图案

Illustrator CS6可以自定义图表的图案，使图表更加生动。

选择在页面中绘制好的图形符号。执行"对象"→"图表"→"设计"命令，在弹出的"图表设计"对话框中单击"新建设计"按钮，新建图案，如图7-26左图所示。单击"重命名"按钮，弹出"图表设计"对话框，如图7-26右图所示。

将系统默认的图案名称修改为"徽标",然后单击"确定"按钮。

图7-26

在"图表设计"对话框中单击"粘贴设计"按钮,可以将图案粘贴到页面中,对图案重新进行修改和编辑。编辑修改后的图案还可以再重新定义。在对话框中编辑完成后,单击"确定"按钮,完成对一个图表图案的定义。

知 识

为图表的标签和图例生成文本时,Illustrator使用默认的字体和大小,使用"直接选择工具"单击,可以选择要更改文字的基线;使用"直接选择工具"双击,可以选择所有的文字,根据需要更改文字属性;使用"直接选择工具"选中图表中的图形元素后,可应用笔画或填充颜色等。

任务2 设计制作某皮革厂产量统计表

📺 任务背景

新年来临之际，某皮革厂为了对过去一年的销售业绩进行总结，委托本公司设计制作业绩图表，发放到投资商及客户手里，其参考效果如图7-27所示。

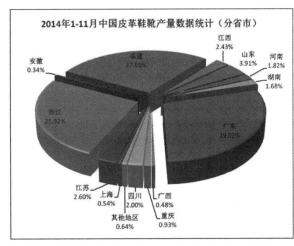

图7-27

📺 任务要求

画面以各地区的销量数据分布图为主，简洁大气，空间感和时尚感强，能让客户一目了然。

📺 任务分析

创建出饼形图表后，将图形取消编组，为各个图形添加立体效果，创建出立体的数据统计表效果。

📺 操作步骤

一、填空题

1. Illustrator中提供了_____种图表类型，用户可以根据不同的需求来选择合适的图表类型。

2. 在Illustrator CS6中，执行"_____"命令，可以对创建好的图表数据进行更改。执行"_____"命令，可对图表的类型进行更改。

3. 柱形图表是以_____的方式，逐栏显示输入的资料，柱的高度代表比较的数值，数值_____，柱的高度就_____。

4. 图表生成以后是自动成组的，可通过"解组"命令对图表解组，但解组后的图表不可以再更改_____。

二、选择题

1. 在Illustrator CS6中，下列关于图表工具的描述，不正确的是（　　）。

   A. 选中任何一个图表工具，在页面上拖拉矩形框，就会弹出输入数据对话框

   B. 在输入数据对话框中能输入或复制其他软件的数据

   C. 图表工具创建的图表是事先设计好的，是无法修改的

   D. 创建以后的图表中的数据可以随时修改

2. 图表工具的默认形式是（　　）。

   A. 柱形图表

   B. 圆形图表

   C. 散点形图表

   D. 折线形图表

3. Illustrator的图表工具，可以从外部导入其他的表格数据，下列哪一项格式可以正确地导入图表工具内？（　　）

   A. 可以导入以制表符号分隔的文本格式存储的数据

   B. 可以导入Word格式存储的数据

   C. 可以导入Excel格式存储的数据

   D. 可以导入WPS格式的存储数据

4. 通过"图表类型"对话框可以对图表进行多种改变，下列描述不正确的是（　　）。

   A. 如果给图表加阴影，只能通过"拷贝"、"粘贴到后面"命令来增加阴影

   B. 可以在"图表类型"对话框中执行"加阴影"命令给图表加阴影

   C. 选择"图表类型"对话框"刻度线"栏中的"全长度"，可使刻度线的长度贯穿图表

   D. 当选择柱状图表时，坐标轴可在左边或右边，也可以两边都显示

模 块

08 设计制作活动海报
——高级技巧

任务参考效果图：

能力目标：

1. 掌握Illustrator高级技巧
2. 可以自己设计制作海报

专业知识目标：

1. 了解关于海报的专业知识
2. 了解"图层"面板
3. 学会使用蒙版和封套
4. 了解动作和批处理的应用

软件知识目标：

1. 掌握"图层"面板的应用
2. 掌握蒙版的应用
3. 掌握封套的应用

课时安排：

2课时（讲课1课时，实践1课时）

任务1 百货公司活动海报的设计

🖵 任务背景

丹尼斯连锁百货公司为迎接圣诞节，开展了一系列的表演及促销活动。为了告知更多的消费者，委托本公司为其设计制作关于宣传该活动的海报。

🖵 任务要求

该海报要求信息传达清晰、明确，画面时尚、鲜明，要能突出节日的特点，色彩的整体效果需要与节日气氛相协调。

🖵 任务分析

该海报采用圣诞树图像作为主题图案，背景采用深蓝色，既可以突出主题图案和文字，又可以营造出圣诞夜的节日气氛。画面的文字信息被放大，占据了整个画面近1/2的范围，采用玫瑰红和白色作为字体颜色。错落的颜色安排，既丰富了画面，又很好地划分出文字信息传递的不同内容。

🖵 最终效果

本任务素材文件和最终效果文件在"光盘:\素材文件\模块08"目录下，操作视频在"光盘:\操作视频\模块08"目录下。

🖵 任务详解

STEP 01 执行"文件"→"新建"命令，创建一个新文件，如图8-1所示。

STEP 02 选择"矩形工具"，在视图中单击，参照图8-2，在弹出的"矩形"对话框中设置参数，然后单击"确定"按钮创建矩形，并将矩形放在画板的正中。

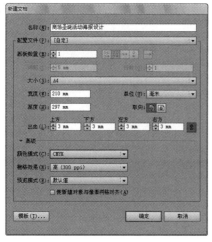

图8-1

图8-2

STEP 03 在工具箱中双击"填色"按钮，打开"拾色器"对话框，设置矩形的颜色，效果如图8-3所示。

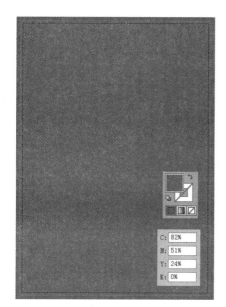

图8-3

STEP04 继续使用"矩形工具" ■ 在画板的最下面绘制白色的矩形，效果如图8-4所示。

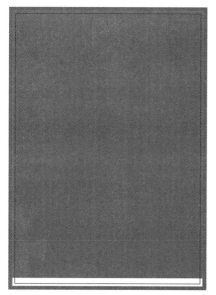

图8-4

STEP05 选择工具箱中的"选择工具" ▶，按住Shift + Alt键的同时，单击并拖动白色矩形，将其向上垂直复制，如图8-5所示。

STEP06 保持复制的细条矩形为选中状态，选择工具箱中的"吸管工具" ✎，在背景中的蓝色矩形上单击，改变细条矩形的颜色，如图8-6所示。

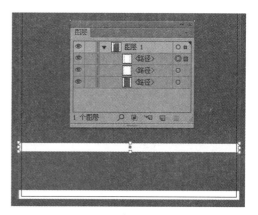

图8-5

图8-6

STEP07 在工具箱中选择"混合工具" ▣，单击蓝色细条矩形，再单击白色细条矩形，创建混合效果，如图8-7所示。

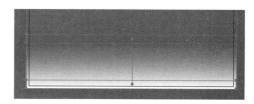

图8-7

STEP08 在工具箱中的"混合工具" ▣ 上双击，打开"混合选项"对话框，参照图8-8设置参数。

图8-8

STEP 09 此时的混合效果如图8-9所示。

图8-9

STEP 10 执行"文件"→"置入"命令，打开"置入"对话框，如图8-10所示。将文件"光盘:\素材文件\模块08\背景.jpg"置入，如图8-11所示。

图8-10

图8-11

STEP 11 使用工具箱中的"选择工具"，调整图像的大小与画板相同，效果如图8-12所示。

图8-12

STEP 12 在"透明度"面板中，将图像的混合模式设置为"正片叠底"选项，效果如图8-13所示。

图8-13

STEP 13 在"图层"面板中，将"图层 1"锁定，如图8-14所示。

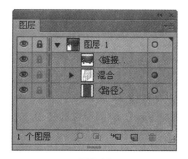

图8-14

STEP 14 单击"图层"面板底部的"创建新图层" 按钮，新建"图层 2"，如图8-15所示。

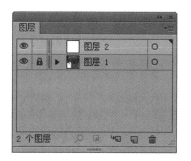

图8-15

STEP 15 执行"文件"→"置入"命令，打开"光盘:\素材文件\模块08\圣诞树.psd"图像，如图8-16所示。

图8-16

STEP 16 按住键盘上Shift键的同时，使用"选择工具" 调整图像的大小，效果如图8-17所示。

图8-17

STEP 17 使用"矩形工具" 在视图中绘制矩形，如图8-18所示。

图8-18

STEP 18 按住键盘上Shift键的同时，使用"选择工具" 选中绘制的矩形和圣诞树图像，如图8-19所示。

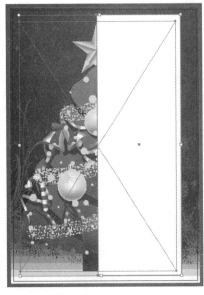

图8-19

在视图中右击,在快捷菜单中执行"建立剪切蒙版"命令,效果如图8-20所示。

图8-21

图8-20

图8-22

图8-23

STEP 20 使用"选择工具" 将圣诞树图像移动到画板的左侧,效果如图8-21所示。

STEP 21 打开"光盘:\素材文件\模块08\水晶球.ai"文件,将图形复制到海报文件中,效果如图8-22所示。

STEP 22 在"图层"面板中,将"图层 2"锁定,如图8-23所示。

STEP 23 单击"图层"面板底部的"创建新图层" 按钮,新建"图层 3",如图8-24所示。

图8-24

STEP 24 使用"文字工具" T 在画面中输入文本，如图8-25所示。

图8-25

STEP 25 将部分颜色设置为玫红色，如图8-26所示，

图8-26

STEP 26 使用"钢笔工具" ✐ 在视图中绘制白色的直线段，如图8-27所示。

图8-27

STEP 27 为了使效果更加突出，再加粗直线段的宽度，如图8-28所示。至此，完成该实例的制作。

图8-28

Ai 知识点拓展

知识点1 认识"图层"面板

在Illustrator CS6中创建非常复杂的作品时，需要在绘图页面中创建多个对象。由于各对象的大小不一致，在选择和查看时会很不方便，这时就可以使用图层来管理对象。图层就像一个文件夹一样，它可包含多个对象，用户可以对图层进行各种编辑，如更改图层中对象的排列层序，在一个父图层下创建子图层，在不同的图层之间移动对象，以及更改图层的排列顺序，等等。

图层的结构可以是单一的，也可以是复合的。默认状态下，在绘图页面上创建的所有对象都存放在一个单一的父图层中，用户可以创建新的图层，并移动这些对象到新层。使用"图层"面板可以很容易地选择、隐藏、锁定以及更改作品的外观属性等，并可以创建一个模板图层，以在描摹作品或者从Photoshop导入图层时使用。

当使用图层进行工作时，可以在"图层"面板中进行。该面板提供了几乎所有与图层有关的选项，它可以显示当前文件中所有的图层，以及图层中所包含的内容，如路径、群组、封套、复合路径以及子图层等，通过面板中的标记和按钮以及面板菜单，可以完成对图层以及图层中所包含的对象的设置。

在创建作品的过程中，如果需要使用"图层"面板，执行"窗口"→"图层"命令，就可以打开该面板，如图8-29所示。

知 识

在"图层"面板中包含多个组件。

● 图层名称：显示当前图层的名称，默认状态下，在新建图层时，如果用户未指定名称，程序将以数字的递增为图层命名，如"图层1"、"图层2"。当然，还可以根据需要为图层重新命名。

● 单击名称前的三角按钮，可以展开或折叠图层。当该按钮为▶时，表明该图层中的内容处于折叠状态，单击该按钮，就可以展开当前图层中所有的选项，查看其中的信息；而当它显示为▼时，则会显示图层中的选项，单击该按钮，就可以将该图层折叠起来，这样可以节省面板的空间。

● 锁定标志🔒：是类似锁的图标，表示当前的图层处于锁定状态，此时不能对图层进行选择、删除等一些编辑。单击该图标，图层的锁定状态解除。

● 可见图层标志👁：是指面板中的眼睛图标，表示当前的图层中的对象是可见的，单击该标志可隐藏当前的图层。通过单击该图标，可以控制当前图层中的对象在页面上的显示与否。

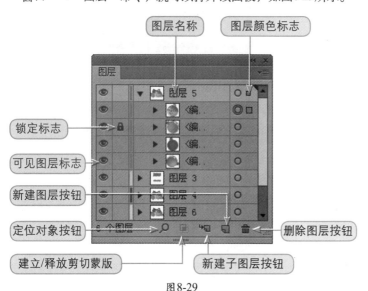

图8-29

另外，在面板的左下角显示了当前文件中所创建的图层的总数。单击右上角的三角按钮，会弹出面板菜单。

知识点2　编辑"图层"面板

当用户使用图层进行工作时，可以通过"图层"面板对图层进行一些编辑，如为对象创建新的图层、为当前的父图层创建子图层、为图层设置选项、合并图层、创建图层模板，等等，这些操作都可以通过执行面板菜单中的命令来完成。

在需要对文件中的图层进行设置时，可单击"图层"面板右上角的三角按钮，即可弹出一个面板菜单，如图8-30所示。

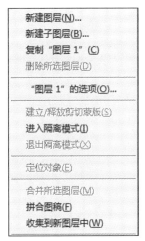

图8-30

在该面板中提供了多个对图层进行操作的命令，用户可执行相应的命令来完成对面板的编辑。

1.新建图层

在新建一个文件的同时，默认情况下会自动创建一个空白的图层，用户可根据需要在文件中创建多个图层，而且可在父图层中嵌套多个子图层。

由于Illustrator会在选定图层的上面创建一个新的图层，如果要在当前图层的下面新建层，需要选定当前图层下面的图层，然后单击面板上的"创建新图层"按钮，面板中会出现一个空白的图层，并且处于被选状态，用户这时就可在该图层中创建对象了。

如果要设置新创建的图层，可从面板菜单中执行"新建图层"命令，或者按住Alt键单击"创建新图层"按钮，都可

知 识

在"图层"面板中各个按钮的含义。

● "建立/释放剪切蒙版" 按钮：单击该按钮，可将当前的图层创建为蒙版，或者将蒙版恢复为原来的状态。

● "创建新子图层" 按钮：单击该按钮，可以为当前活动的图层新建一个子图层。

● "创建新图层" 按钮：单击该按钮，可在活动图层上面创建一个新的图层。

● "删除所选图层" 按钮：可用于删除一个不再需要的图层。

● "定位对象" 按钮：可定位选择对象所在图层。

● 图层颜色标志：表示当前图层的颜色色样。默认状态下各图层的颜色是不同的，用户也可在创建图层时指定自己所喜欢的颜色，这样该图层中的对象的选择框就会显示相应的颜色。

打开"图层选项"对话框，如图8-31所示。

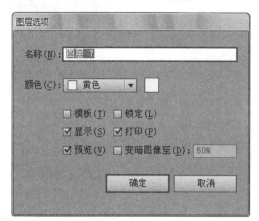

图8-31

如果要在当前选定的图层内创建一个子图层，可单击面板上的"创建新子图层"按钮，或者从面板菜单中执行"新建子图层"命令，或者按住Alt键单击"创建新子图层"按钮，同样也可以打开"图层选项"对话框，它的设置方法与新建图层是一样的。

◆ 名称：该项用于指定在面板中所显示的图层名称，用户直接在文本框内键入即可。

◆ 颜色：为了在页面上区分各个图层，Illustrator会为每个图层指定一种选择框的颜色，并且在面板中的图层名称后也会显示相应的颜色块。单击三角按钮，在弹出的下拉列表中提供了多种颜色，当执行"自定义"命令时，会打开"颜色"对话框，用户可以从中精确定义图层的颜色，然后单击"确定"按钮，如图8-32所示。

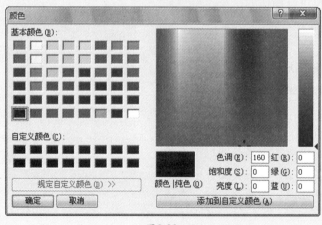

图8-32

◆ 模板：当选择该复选框后，该图层将被设置为模

技 巧

除了前面所提到的新建图层的方法外，也可以先按住Ctrl键，再单击"创建新图层"按钮。在使用这种方式时，不管当前选择的是哪一个图层，都会在图层列表的最上方创建一个新的图层。

知 识

在复制图层时，将会复制图层中所包含的所有对象，包括路径、群组，以至于整个图层。选择所要复制的项目后，可采用下面的复制方式。
● 从面板菜单中选择"复制所选图层"命令。
● 拖动选定项目到面板底部的"创建新图层"按钮。
● 按住Alt键，在选定的项目上按住鼠标左键进行拖动，当指针处于一个图层或群组上时松开鼠标，复制的选项将放置到该图层或群组中；如果指针处于两个项目之间，则会在指定位置添加复制的选项。

板，这时不能对该图层中的对象进行编辑。

◆ 锁定：选择该项后，新建的图层将处于锁定状态。

◆ 显示：该项用于设置新建图层中的对象在页面上显示与否，当取消该复选框的选择后，对象在页面中是不可见的。

◆ 打印：选择该项后，则说明该图层中的对象将可以被打印出来。而取消该项的选择后，该图层中所有的对象都不能被打印。

◆ 预览：取消该项后，在图层中绘制的对象只显示轮廓。

◆ 变暗图像至：此项可以降低处于该图层中的图形的亮度，用户可在后面的文本框内设置其降低的百分比，默认值为50%。

2. 选择图层

当选择一个图层时，直接在图层名称上单击，这时该图层会呈高亮度显示，并在名称后会出现一个当前图层指示器标志，表明该图层为活动的。可选择多个连续的图层，按住Shift键单击第一个和最后一个图层即可；而按住Ctrl键可选择多个不连续的图层，逐个单击图层即可。

3. 隐藏或显示图层

当隐藏一个图层时，则该图层中的对象在页面上就不会显示。在"图层"面板中，可有选择地隐藏或显示图层，比如在创建复杂的作品时，能用快速隐藏父图层的方式隐藏多个路径、群组和子对象。

下面是几种隐藏图层的方式。

◆ 在面板中需要隐藏的项目前单击眼睛图标，就会隐藏该项目，而再次单击会重新显示。

◆ 如果在一个图层的眼睛图标上按下鼠标左键向上或向下拖动，当鼠标经过的图标都会隐藏，这样就可很方便地隐藏多个图层或项目。

◆ 在面板中双击图层或项目名称，即可打开"图层选项"对话框，在其中取消选中"显示"复选框，单击"确定"按钮。

◆ 如果隐藏"图层"面板中所有未选择的图层，可以执行面板菜单中的"隐藏其它图层"命令，或按住Alt键单击需要显示图层的眼睛图标，图8-33是隐藏图层前后的对比。

技 巧

当删除图层或者其他项目时，会同时删掉图层中包含的对象，如子图层、群组、路径等。操作时先选择，然后单击面板上的"删除图层"按钮，或者拖动图层或项目到该按钮上，还可以执行面板菜单中的"删除所选图层"命令。

知 识

下面是锁定图层的具体方法。

在面板中需要锁定的图层或项目前单击眼睛图标右边的方框，即可锁定该图层项目；单击锁定标志，会解除锁定。如下图所示，是锁定"图层1"后的效果。

如果要锁定多个图层或项目时，可拖动鼠标经过眼睛图标右边的方框。

在面板中双击图层或项目名称，在打开的"图层选项"对话框中取消选中"锁定"复选框，单击"确定"按钮。

当在面板中锁定所有未选择的图层时，可执行面板菜单中的"锁定其它图层"命令。

执行面板菜单中的"解除所有图层"命令可解除所有锁定的图层。

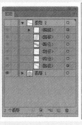

图8-33

◆ 执行面板菜单中的"显示所有图层"命令，则会
显示当前文件中所有的图层。

4. 锁定图层

当锁定图层后，该图层中的对象不能再被选择或编辑。
利用"图层"面板菜单所提供的"锁定父图层"命令，能快
速锁定多个路径、群组或子图层。

5. 释放和收集图层

执行"释放到图层"命令，可为选定的图层或群组创建
子图层，并使其中的对象分配到创建的子图层中去。而执行
"收集到新图层中"命令，可以新建一个图层，并将选定的
子图层或其他选项都放到该图层中去。

首先在面板中选择一个图层或者群组，如图8-34所示。

图8-34

然后执行面板菜单中的"释放到图层（顺序）"命令，
可将该图层或群组内的选项按创建的顺序分离成多个子图
层。而执行面板菜单中的"释放到图层（累积）"命令，则
将以数目递增的顺序释放各选项到多个子图层。图8-35是执行
这两个命令后创建的效果。

这时可对子图层重新组合。按住Shift键或者Ctrl键，连续
或不连续选择需要收集的子图层或其他选项，然后执行面板
菜单中的"收集到新图层中"命令，即可将所选择的内容放
置到一个新建的图层中。

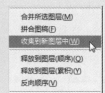

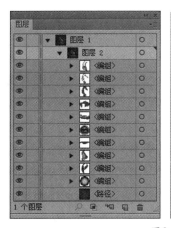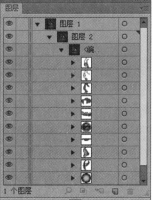

图8-35

6. 合并图层

当用户编辑好各个图层后，可将这些图层进行合并，或者合并图层中的路径、群组或者子图层。执行"合并所选图层"命令，用户可以选择所要合并的选项；执行"拼合图稿"命令，会将所有可见图层合并为单一的父图层。合并图层时，不会改变对象在页面上的层序。

如果需要将对象合并到一个单独的图层或群组中，可先在面板中选择需要合并的项目，然后执行面板菜单中的"合并所选图层"命令，则选择的项目会合并到最后一个选择的图层或群组中。

7. 设置面板选项

当使用"图层"面板时，可对面板进行一些设置，来更改默认情况下面板的外观。执行面板菜单中的"面板选项"命令，即可打开"图层面板选项"对话框，如图8-36所示。

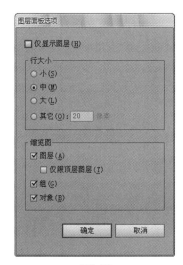

图8-36

知识点3　使用蒙版

蒙版是一种高级的图形选择和处理技术，当用户需要改变图形对象某个区域的颜色，或者要对该区域单独应用滤镜及其他效果时，可以使用蒙版来分离或保护其余的部分。当选择某个图形的部分区域时，未选中区域将"被蒙版"或受保护以免被编辑。当然，用户也可以在进行复杂的图形编辑时使用蒙版。

被蒙版的对象可以是在Illustrator中直接绘制的，也可以是从其他应用程序中导入的矢量图或位图文件。在"预览"视图模式下，在蒙版以外的部分不会显示，并且不会打印出来。而在"线框"视图模式下，所有对象的轮廓线都会显示出来。

通常在页面上绘制的路径都可生成蒙版，它可以是各种形状的开放或闭合路径、复合路径或者文本对象，或者是经过各种变换后的图形对象。

在创建蒙版时，可以使用"对象"菜单中的命令或者"图层"面板来创建透明的蒙版，也能够使用"透明度"面板创建半透明的蒙版。

1.创建透明蒙版

将一个对象创建为透明的蒙版后，则该对象的内部变得完全透明，这样就可以显示下面的被蒙版对象，同时可以挡住不需要显示或打印的部分。在创建蒙版时，可以使用"对象"菜单中的创建蒙版命令，也可以在"图层"面板中进行。

● 创建与释放蒙版

执行"对象"→"剪切蒙版"→"建立"命令，可以将一个单一的路径或复合路径创建为透明的蒙版，它将修剪被蒙版图形的一部分，并只显示蒙版区域内的内容。

用户可以直接在绘制的图形上创建蒙版，或者在导入的位图上创建蒙版。创建蒙版时，可以使用工具箱中的工具在页面上绘制图形，或使用"选择工具"选择要作为蒙版的对象。如果是在"图层"面板中进行创建，选中包含需要将其转变为蒙版的图层或群组，处于最上方的图层或群组中的对象将被作为蒙版。如果作为蒙版的对象和被蒙版的图形处于不同的图层，则处于它们中间的图层中的对象成为被蒙版图形的一部分。用"选择工具"同时选中需要作为蒙版的对象和被蒙版的图形，然后执行"对象"→"剪切蒙版"→"建立"命令，或者单击"图层"面板底部的"建立/释放剪切蒙

提示

在"图层"面板中，通过缩略图可方便地查看、定位对象，但是它会占用一些系统内存，进而影响计算机的工作速度。所以如果不必要时，可适当取消一些选项，以提高工作性能。

提示

当一个对象被定义成蒙版后，就会在被蒙版的图形或位图图像上修剪出该对象的形状，并且可以进行各种变换，如旋转、扭曲等，这样就可控制被蒙版对象的显示情况。

提示

在创建蒙版前，确保要创建为蒙版的对象处于所有图形对象的最上方，必要时可执行"排列"→"置于顶层"命令，将对象放置到最上方。

版"□按钮，也可以执行面板菜单中的"建立/释放剪切蒙版"命令。这时作为蒙版的对象将失去原来的着色属性，而成为一个无填充或轮廓线填充的对象。

当完成蒙版的创建后，还可为它应用填充或轮廓线填充。操作时使用"直接选择工具"▶选中蒙版对象，这时可利用工具箱中的填充或轮廓线填充工具，或使用"颜色"面板对蒙版进行填充，但是只有轮廓线填充是可见的，而对象的内部填充会被隐藏到被蒙版对象的下方。图8-37是经过移动被蒙版对象后显示的填充效果。

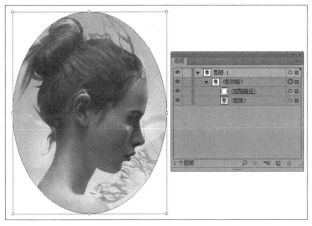

图8-37

这时还可以对蒙版进行变换，操作时只要用"直接选择工具"▶选中蒙版，然后再使用各种变换工具对其进行适当的变形，如图8-38所示。

图8-38

如果需要撤销蒙版效果，恢复对象原来的属性时，可使用"直接选择工具"或拖动出一个选择框选中蒙版对象，然后执行"对象"→"剪切蒙版"→"释放"命令。如果是在"图层"面板中操作，可先选择包含蒙版的图层或群组，并执行面板菜单中的"建立/释放剪切蒙版"命令；或者单击面板底部的"建立/释

放剪切蒙版"按钮；也可以选择蒙版对象并右击，在弹出的快捷菜单中执行"释放蒙版"命令，或者按Alt+Ctrl+7快捷键。

● 编辑蒙版

当完成蒙版的创建，或者打开一个已应用蒙版的文件后，还可以对其进行一些编辑，如查看、选择蒙版，或增加、减少蒙版区域，等等。

当查看一个对象是否为蒙版时，可在页面上选择该对象，然后执行"窗口"→"图层"命令，打开"图层"面板，并单击右上角的三角按钮，执行面板菜单中的"定位对象"命令。当蒙版为一个路径时，它的名称下会出现一条下划线；而蒙版为一个群组时，其名称下会出现呈虚线的分隔符。

蒙版和被蒙版图形能像普通对象一样被选择或修改。由于被蒙版图形在默认情况下是未锁定的，用户可以先将蒙版锁定，然后再进行编辑，这样就不会影响被蒙版的图形。操作时用"直接选择工具" ▶选中需要锁定的蒙版，然后执行"对象"→"锁定"→"所选对象"命令，这时不能再用直接选择工具移动被蒙版图形中单独的对象。

当选择蒙版后，可执行"选择"→"对象"→"剪切蒙版"命令，它可以查找和选择文件中应用的所有蒙版，如果页面上有非蒙版对象处于选定状态时，它会取消其选择；如果要选择被蒙版图形中的对象，可使用"选择工具"选择单个的对象，连续单击可相应选择被蒙版图形中的其他对象。

当向被蒙版图形中添加一个对象时，可先将需添加的对象选中，并移动到蒙版的前面，然后执行"编辑"→"剪切"命令，再使用"直接选择工具" ▶选中作为剪切路径的图形，执行"编辑"→"贴在前面"或者"编辑"→"贴在后面"命令，那么该对象就会被相应地粘贴到被蒙版图形的前面或后面，并成为图形的一部分，如图8-39所示。

提示

由于位图图像文件颜色丰富、生动自然，用户可根据需要导入位图文件来作为被蒙版的对象，这样可以创建各种特殊的效果。

知识

在"图层"面板中创建蒙版时，要注意几个问题。

● 蒙版和被蒙版的图形对象必须处于相同的图层或群组中。

● 面板中处于最高层级的父图层不能应用蒙版，但是可以在其包含的子图层或其他项目中应用。

● 无论当前所选定对象的填充或轮廓线属性如何，当定义为蒙版后，它都会转换为无填充或轮廓线填充的对象。

图8-39

如果要在被蒙版图形中删除一个对象，可使用直接选择工具选中该对象，然后执行"编辑"→"粘贴"命令即可；

如果是在"图层"面板中，可选中该项目，再单击面板底部的"删除选项"按钮，这时就会全部显示被蒙版的图形。

2. 创建不透明蒙版

除了完全透明的蒙版，用户也可在"透明度"面板中创建不透明的蒙版。如果一个对象应用了图案或渐变填充，当它作为蒙版后，其填充依然是可见的，利用这种特性，可以隐藏被蒙版图形的部分亮度。

当创建一个不透明的蒙版时，首先选择至少两个对象或群组。由于Illustrator会将选定的最上面的对象作为蒙版，所以在创建之前，要调整好各对象之间的顺序。然后执行"窗口"→"透明度"命令，启用"透明度"面板，并单击面板右上角的三角按钮，在弹出的面板菜单中执行"建立不透明蒙版"命令。

或者直接在页面上选择一个对象或群组，这时在"透明度"面板中会出现该对象的缩略图，双击其右侧的空白处，这样就会创建一个空白的蒙版，并自动进入蒙版编辑模式，这时再使用绘图工具创建要作为蒙版的对象，图8-40是用两个对象创建的不透明蒙版。

📌 **提 示**

在创建不透明蒙版的过程中，如果需要对蒙版的对象进行编辑，可按住Alt键，再单击"透明度"面板中的蒙版图形缩略图，这时只有蒙版对象在文档窗口中显示。

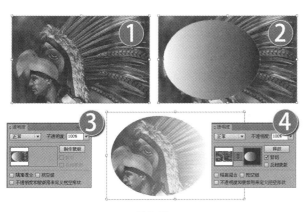

图8-40

这时在该面板中将显示蒙版对象的缩略图。在默认状态下，蒙版和被蒙版图形是链接在一起的，它们可作为一个整体移动。单击两个缩略图之间的链接标志，或者执行面板菜单中的"取消链接不透明蒙版"命令，将会解除链接，这时它们就可以通过"直接选择工具"进行移动，并可编辑被蒙版的图形；再次单击该标志，或者执行面板菜单中的"链接不透明蒙版"命令，它们又会重新链接。

如果用户需要对蒙版进行一些编辑，可以在"透明度"面板上单击蒙版缩略图，进入蒙版编辑模式，用户可使用各种工具对其进行修改，改变后的外观会显示在面板的缩略图中。当编辑好之后，单击左侧的被蒙版图形缩略图退出编辑模式。图8-41是对蒙版进行修改之后的效果。

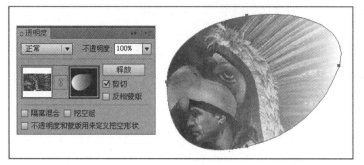

图8-41

当释放不透明蒙版时，可执行面板菜单中的"释放不透明蒙版"命令，这时被蒙版的图形将会显示。

执行面板菜单中的"停用不透明蒙版"命令，可取消蒙版效果，但不删除该对象，这时一个红色的X标志将出现在右侧的缩略图上，而执行"启用不透明蒙版"命令即可恢复。

知识点4 应用封套

封套为改变对象形状提供了一种简单有效的方法，允许通过使用鼠标移动节点来改变对象的形状。可以利用页面上的对象来制作封套，也可使用预设的变形形状或网格作为封套。除图表、参考线或链接对象以外，可以在任何对象上使用封套。

封套选项决定应以哪种形式扭曲图形以适合封套。要设置封套选项，先选择封套对象，然后单击控制面板中的"封套选项" 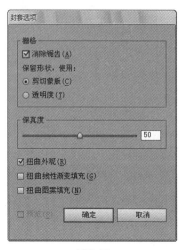 按钮，或者执行"对象"→"封套扭曲"→"封套选项"命令，弹出"封套选项"对话框，如图8-42所示。

图8-42

知识

选中"透明度"面板中的"剪切"复选框，会使蒙版不透明，而使被蒙版图形完全透明。

知识

选中"透明度"面板中的"反向蒙版"复选框，会反转蒙版区域内的亮度值。

知识

"封套选项"对话框中的选项含义如下。

● 消除锯齿：在用封套扭曲对象时，可使用此选项来防止锯齿的产生，保持图形的清晰度。

● 剪切蒙版：当用非矩形封套扭曲对象时，可选择"剪切蒙版"方式保护图形。

● 透明度：当用非矩形封套扭曲对象时，可选择"透明度"方式保护图形。

● 保真度：指定要使对象适合封套图形的精确程度。

● 扭曲外观：将对象的形状与其外观属性一起扭曲。

● 扭曲线性渐变填充：将对象的形状与其线性渐变一起扭曲。

● 扭曲图案填充：将对象的形状与其图案属性一起扭曲。

1. 创建封套

● 使用预设的形状创建封套

选中对象，执行"对象"→"封套扭曲"→"用变形建立"命令，弹出"变形选项"对话框，在"样式"下拉列表中提供了15种封套类型。拖动"弯曲"滑块可设置对象的弯曲程度，拖动"扭曲"滑块可设置应用封套类型在水平或垂直方向上的比例，选中"预览"复选框可预览设置好的封套效果。单击"确定"按钮，对象应用封套。

● 使用网格创建封套

选中对象，执行"对象"→"封套扭曲"→"用网格建立"命令，弹出"封套网格"对话框。在"行数"和"列数"文本框中输入网格的行数和列数，单击"确定"按钮即可创建，如图8-43所示。选择"网格工具" ，单击网格封套对象，可增加对象上的网格数。按住Alt键单击网格点，可减少对象上的网格数。用"网格工具" 拖动网格点，可以改变对象的形状。

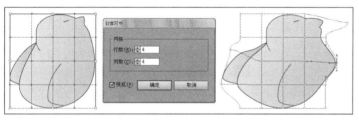

图8-43

2. 编辑封套

● 编辑封套形状

选取一个含有对象的封套，执行"对象"→"封套扭曲"→"用变形重置"或"用网格重置"命令，弹出"变形选项"或"重置封套网格"对话框，根据需要重新设置封套类型和参数，如图8-44所示。

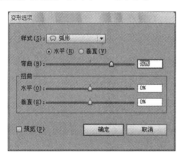

图8-44

● 编辑封套内的对象

选取一个含有对象的封套，执行"对象"→"封套扭

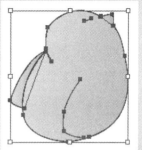

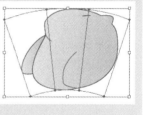

曲"→"编辑内容"命令，对象将会显示原来的选择框，此时即可编辑封套内的对象，如图8-45所示。

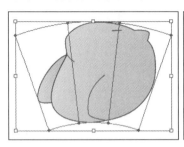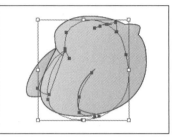

图8-45

知识点5 混合效果

"混合"命令可以混合线条、路径、颜色和图形，还可以同时混合颜色和线条或颜色和图形。利用"混合"命令，可以制作出许多美妙的光滑过渡效果。

1. 制作混合图形

选取要进行混合的对象，执行"对象"→"混合"→"建立"命令，将制作出混合效果。

选取要进行混合的对象，选择"混合工具" 🔳，单击要混合的起始对象，再到另一个要混合的图形上单击，将其设置为目标图形，将绘制出混合效果，如图8-46所示。

📌 提 示

若制作多个对象的混合图形，选择"混合工具" 🔳，用鼠标单击第一个对象，再依次单击每个对象，这样每个对象都被混合了。

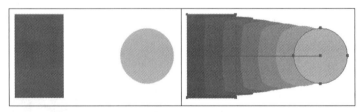

图8-46

2. 释放混合图形

选中混合对象，执行"对象"→"混合"→"释放"命令，可以释放混合对象，如图8-47所示。

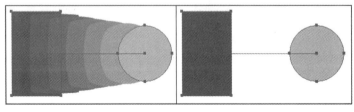

图8-47

3. 设置混合选项

选取要进行混合的对象，双击"混合工具" 🔳 或执行

"对象"→"混合"→"混合选项"命令，弹出"混合选项"对话框，如图8-48所示。

图8-48

4. 编辑混合图形

当选择的图形进行混合后，就会形成一个整体，这个整体是由原混合对象以及对象之间的路径组成的。

选取混合对象，执行"对象"→"混合"→"反向混合轴"命令，混合图形的上下顺序将被改变，如图8-49所示。

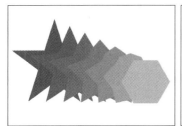

图8-49

选取混合对象，执行"对象"→"混合"→"反向堆叠"命令，混合图形的上下顺序将被改变，如图8-50所示。

图8-50

混合得到的混合图形由混合路径相连接，自动创建的混合路径默认是直线，可以编辑这条混合路径，得到更丰富的混合效果。

同时选取混合图形和外部路径，然后执行"对象"→"混合"→"替换混合轴"命令，可以替换混合图形中的混合路径，如图8-51所示。

01
02
03
04
05
06
07
08
09
10
11

知识

"混合选项"对话框中的选项含义如下。

● 间距：用于控制混合图形之间的过渡样式。在下拉列表中选择"平滑颜色"，可以使混合的颜色保持平滑；"指定的步数"选项可以设置混合对象的步骤数，数值越大，所取得的混合效果越平滑；"指定的距离"选项可以设置混合对象间的距离，数值越小，所取得的混合效果越平滑。

● 取向：可以控制混合图形的方向，"对齐页面"选项可以使混合效果中的每一个中间混合对象的方向垂直于页面的X轴；"对齐路径"选项可以使混合效果中的每一个中间混合对象的方向垂直于路径。

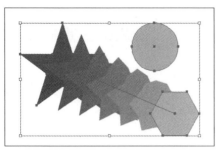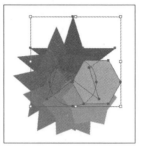

图8-51

5. 解散混合图形

当在页面中创建混合效果之后，利用任何选择工具都不能选择混合图形中间的过渡图形。如果想对混合图形中的过渡图形进行编辑，则需要将混合图形解散。

首先选取混合图形，执行"对象"→"混合"→"扩展"命令，将混合图形解散后，按Ctrl + Shift + G快捷键可解散群组，得到许多独立的图形，如图8-52所示。

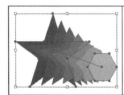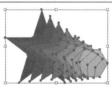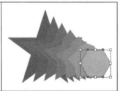

图8-52

知识点6 动作和批处理

动作就是对单个文件或一批文件回放一系列命令。大多数命令和工具的操作都可以记录在动作中，动作是快捷批处理的基础，快捷批处理就是自动处理默认的或已录制好的动作。

用户可进行有关动作的编辑，如重新排列动作，或在一个动作内重新整理命令及其运行顺序，添加一些命令到动作中，使用对话框为动作录制新的命令或参数，更改动作选项，如动作名称、按钮颜色以及快捷键等等，复制、删除动作和命令，重新安排动作的默认列表，等等。

1. 认识"动作"面板

通过在"动作"面板中进行操作，可以录制、播放、编辑和删除动作，或者保存、加载或替换动作组。

执行"窗口"→"动作"命令，即可打开"动作"面板。单击面板右上角的三角按钮，在弹出的面板菜单中执行"按钮模式"命令，即可切换到按钮模式下，这时它不能展开或折叠命令集和名项命令。图8-53是默认显示模式下的"动作"面板。

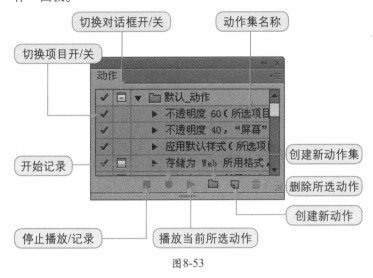

图8-53

2. 创建、录制与播放动作

执行"窗口"→"动作"命令，弹出"动作"面板，单击"动作"面板中的"创建新动作集" ■按钮，弹出"新建动作集"对话框，如图8-54左图所示，输入动作集的名称，新建动作集。单击"创建新动作" ■按钮，在弹出的"新建动作"对话框中输入动作的名称，在"动作集"下拉列表中选择动作所在的动作集，在"功能键"下拉列表中选择动作执行的快捷键，在"颜色"下拉列表中可以为动作选择颜色，如图8-54右图所示。

图8-54

单击"开始记录"按钮开始记录，此时"动作"面板底部的"开始记录" ■按钮变为红色。执行所要记录的Illustrator命令。在记录动作时，如果弹出对话框，在对话框中单击"确定"按钮，将记录对话框动作；如果在对话框内单击"取消"按钮，则不会记录这些动作。在播放一个动作时，可选中该动作，单击面板底部的"播放当前所选动作" ▶按钮，或者从面板菜单中执行"播放"命令，

知 识

"动作"面板中的部分选项含义如下。

● "停止播放/记录" ■按钮：单击该按钮，可以停止正在播放或录制的动作。

● "开始记录" ●按钮：单击该按钮，就可以开始记录新的动作。

● "播放当前所选动作" ▶按钮：单击该按钮，可从当前所选择的动作开始向下播放动作组中所有命令。

● "创建新动作集" ■按钮：单击该按钮，可以创建一个新的动作集合。

● "创建新动作" ■按钮：用来创建新的动作。

● "删除所选动作" 🗑按钮：选择需要删除的动作或集合后，单击该按钮，可将该项从面板中删除。

即可播放该动作。

3. 编辑动作

在使用动作时，用户可以直接利用默认的动作，而且可根据需要创建动作。当创建或者对动作进行各种编辑时，可以利用面板菜单中所提供的命令来实现。单击面板右上角的三角按钮，即可弹出该面板的选项菜单，执行这些命令，可以完成对动作的编辑工作。

当用户创建一个动作时，Illustrator CS6会记录所使用的命令（包括指定的参数）、面板和工具等内容。不能录制的命令包括更改视图的命令，显示或隐藏面板的命令，"效果"菜单中的命令，"渐变工具" ▥、"网格工具" ▨、"吸管工具" ◪的操作，等等。

打开一个文件，在"动作"面板中单击"创建新动作集" ▭按钮，或执行面板菜单中的"新建动作集"命令，然后在面板中单击"创建新动作" ▦按钮，或者从面板菜单中执行"新建动作"命令，都可打开"新建动作"对话框。

当完成设置后，单击"确定"按钮，面板中的"开始记录" ◉按钮会变为红色，用户这时可执行所要记录的各个动作。操作当完成后，单击"停止播放/记录" ▪按钮。如在记录未完成时单击该按钮了，执行面板菜单中"再次记录"命令即可重新开始记录动作。如果要保存所创建的动作，可执行面板菜单中的"存储动作"命令，打开"保存"对话框，在其中指定该动作的名称和位置后，单击"保存"按钮。默认情况下，该动作集会保存在Illustrator的Actions Sets文件夹下。如果要替换所有的动作，可执行面板菜单中的"替换动作"命令，在打开的"替换动作"对话框中查找和选择一个文件的名称，然后单击"打开"按钮。由于执行该命令将替换当前文件中所有的动作，所以最好先为执行面板菜单"替换动作"命令的动作做好一个备份，然后再进行替换。

在记录动作的过程中，可以利用面板菜单中的命令根据需要插入一些项目。

- ◆ 插入菜单项：当选择一个动作后，执行面板菜单中的"插入菜单项"命令，即可打开该对话框，如图8-55所示。
- ◆ 插入停止：在动作的记录或播放过程中，可根据需要在记录过程中加入一些人为的停顿，以更好地控制动作的记录与播放。选择所在其下面插入的动作或命令，然后执行面板菜单中的"插入

提 示

在"新建动作"对话框中可设置新动作的有关选项：在"名称"文本框内可为新创建的动作命名，在"动作集"列表框内显示了当前动作集的名称，在"功能键"列表中可以设置执行该命令的快捷键，"颜色"选项则用来指定在动作面板中显示的颜色。

知 识

在创建动作时，按住Alt键并单击面板底部的"创建新动作" ▦按钮，即可创建一个动作并进入记录状态。

停止"命令，即可打开"记录停止"对话框，
如图8-56所示。

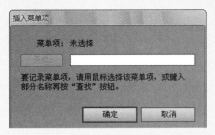

图8-55

图8-56

- ◆ 插入选择路径：在记录动作时，也可以记录一个
  路径来作为动作的一部分。操作时可选择一个路
  径，然后执行面板菜单中的"插入选择路径"命
  令即可。

- ◆ 选择对象：执行"选择对象"命令，可打开"设
  置选择对象"对话框，如图8-57所示。

图8-57

如果要调整动作的位置，如移动一个动作到不同的动作
集，可在面板中直接拖动，这时会出现一条高亮显示的线，
到合适位置时，再松开鼠标按键，也可以在同一个动作内更

知　识

在"插入菜单项"对
话框中，可以在选定的动
作名称前插入一个新的动
作集，也可在"查找"文
本框内输入所要使用的动
作名称，Illustrator就会自
动开始查找。

知　识

在"记录停止"对话
框"信息"文本框内键入
停止时所要显示的信息。
当选择"允许继续"复选
框，就可暂时停止录制，
执行"允许继续"命令后
可继续进行。完成设置
后，单击"确定"按钮。

知　识

在"设置选择对象"
对话框中，可为对象添加
一些说明性的信息。在文
本框内键入合适的提示内
容，当使用双字节语言
时，选择"全字匹配"和
"区分大小写"两个复选
框，会严格按照所输入的
内容进行确认。

改各命令的位置。

当需要复制一个动作集或单独的动作时，可执行面板菜单中的"复制"命令，也可按住鼠标左键拖动一个动作或命令到"创建新动作集" 或"创建新动作" 按钮上，即可复制相应的内容。

如果需要删除某个动作时，可先进行选择，然后执行面板菜单中的"删除"命令，而"清除动作"命令则可删除当前文件中所有的动作。

4. 批处理

批处理就是将一个指定的动作应用于某文件夹下的所有图形，方法是在"批处理"对话框中选择动作和动作所在的序列。

从"动作"面板菜单中执行"批处理"命令，弹出"批处理"对话框，如图8-58所示。

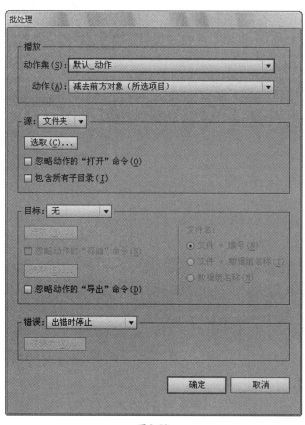

图8-58

任务2　设计制作周年庆海报

🖥 任务背景

　　某大型超市为了庆祝开业7周年，委托本公司为其设计庆典海报。该海报的参考效果如图8-59所示。

图8-59

🖥 任务要求

　　该海报要求画面简单、新颖、别致，能够营造出热烈的氛围，提升企业的形象。

🖥 任务分析

　　该海报采用带有渐变的红色作为背景色，将关于庆典的文字信息放在画面的正中，在文字的周围制作了一道由小花组成的花带，为整个喜庆的画面带来了清新、雅致、时尚的视觉效果。整体颜色以暖色为主，很好地传递出一种喜庆的氛围。

🖥 操作步骤

一、填空题

1. 在Illustrator CS6中，分色方式分为两种：_____和_____。

2. 在"_____"面板中，可以设定填充色和边线色。

3. 使用"_____"面板可以创建与调配颜色，并能将颜色应用于当前选择对象的填充与描边。

4. Illustrator中的HSB颜色模式用_____、_____和_____三个特征来描述颜色。

二、选择题

1. 下列有关色彩模式描述不正确的是（　　）。

    A. 图像的色彩模式将影响图像的通道数量

    B. 图像的色彩模式可以确定图像中能够显示的颜色数量

    C. 图像的色彩模式将影响图像的文件大小

    D. 图像的色彩模式是不可以改变的

2. 下列哪种色彩模式定义的颜色可用于印刷?（　　）

    A. RGB模式

    B. CMYK模式

    C. HSB模式

    D. Web safe RGB模式

3. 在图形文件中进行颜色设定时应以（　　）为准。

    A. 感觉

    B. 颜色数值

    C. 打样

    D. 显示器

4. 在下列有关颜色调整的叙述中，正确的是（　　）。

    A. 在Illustrator中，颜色一旦确定，只能通过"颜色"面板调整

    B. 如果图形的填充色是专色，不能执行"编辑"→"编辑颜色"→"重新着色图稿"命令。

    C. 在Illustrator中，如果图形的填充色是专色，通过执行"编辑"→"编辑颜色"→"转换为CMYK"命令，可以很方便地将专色转换成印刷四色

    D. 在Illustrator中，如果将填充色是印刷四色的图形转换成灰阶图，只能依次点选组成图形的单个物件，然后将其填充色由印刷四色改为灰阶色

模 块
09 设计制作图书封面
——3D功能和滤镜效果

任务参考效果图：

能力目标：

1. 学会应用滤镜制作特效
2. 学会自己设计不同效果的3D效果

软件知识目标：

1. 掌握滤镜的使用
2. 掌握效果的使用
3. 掌握创建3D图形的方法

专业知识目标：

1. 封面设计的制作技巧
2. 创建3D图形
3. 纹理滤镜的应用

课时安排：

2课时（讲课1课时，实践1课时）

Ai 模拟制作任务

任务1　图书封面的设计

🖥 任务背景

　　某出版社将要发行一本关于自行车运动的图书，为更好地传递出图书自身的内容，委托本公司为该图书设计制作封面。

🖥 任务要求

　　图书要求能够抓住对该运动感兴趣的人的目光，能很好地反映出图书的主题。

🖥 任务分析

　　骑车去拉萨、西疆，不单纯是一项时尚的自行车运动，更是很多人为了梦想、为了找寻自我、为了超越自我而进行的一项活动。画面采用西行路上拍摄的一张照片作为封一的背景，画面的下侧使用大红色铺满，强调了一种热烈的情感。在封一和封四中，添加了作者的一段话，既是本书作者的心声，也体现了大多数西行勇者的心声，借此来与读者产生共鸣，达到传递图书信息，拉近与消费者距离的作用。

🖥 最终效果

　　本任务素材文件和最终效果文件在"光盘:\素材文件\模块09"目录下，操作视频在"光盘:\操作视频\模块09"目录下。

🖥 任务详解

STEP 01 执行"文件"→"新建"命令，创建一个新文件，如图9-1所示。

图9-1

STEP 02 打开标尺，从垂直标尺栏中拉出参考线，在控制面板内"X"参数栏中设置数值为187mm，再添加一根垂直参考线，设置位置为197mm，如图9-2所示。

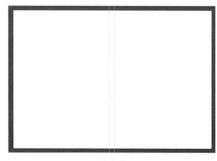

图9-2

STEP 03 执行"文件"→"置入"命令，将

"光盘:\素材文件\模块09\新都桥.jpg"文件置入到当前文档中，如图9-3所示。

图9-3

STEP 04 使用"选择工具" ![] 调整图像的大小和位置，效果如图9-4所示。

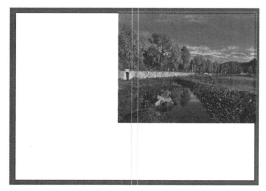

图9-4

STEP 05 使用"矩形工具" ![] 在左侧的封底位置绘制白色的矩形，如图9-5所示。

图9-5

STEP 06 使用"矩形工具" ![] 在图像左侧绘制黑色矩形，效果如图9-6所示。

STEP 07 使用"矩形工具" ![] 在图像下面封底位置绘制红色的矩形，如图9-7所示。

图9-6

图9-7

STEP 08 选中添加的风景图像，执行"效果"→"效果画廊"命令，打开"滤镜库"对话框，为图像添加滤镜效果，如图9-8所示。

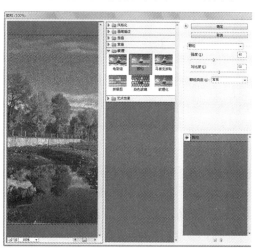

图9-8

STEP 09 在"图层"面板中,将"图层 1"锁定,如图9-9所示。

图9-9

STEP 10 单击"图层"面板底部的"创建新图层" ![] 按钮,新建"图层 2",效果如图9-10所示。

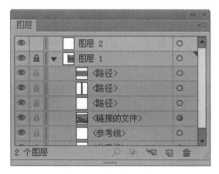

图9-10

STEP 11 使用"文字工具" ![T] 在视图中输入文本,如图9-11所示。

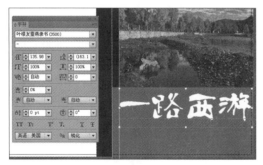

图9-11

STEP 12 选中文字,执行"效果"→"3D"→"凸出和斜角"命令,打开"3D凸出和斜角选项"对话框,如图9-12所示。

STEP 13 在对话框中单击"更多选项"按钮,如图9-13所示。

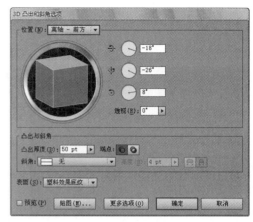

图9-12

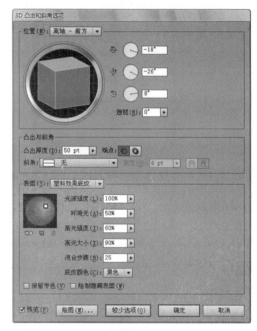

图9-13

STEP 14 在"表面"选项组中单击"新建光源" ![] 按钮,添加一个新的光源,在示意图中拖动光源到右下角的位置,如图9-14所示。

图9-14

STEP 15 在"底纹颜色"下拉列表中选中"自定"选项,然后在后面的色块上单击,更改底纹颜色为深绿色，并更改"环境光"
设置，如图9-15所示。

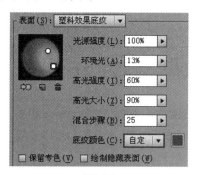

图9-15

此时的文字效果如图9-16所示。

图9-16

STEP 17 最后在封一、书脊、封底的位置，
添加其他相关的文字信息，完成该封面的设
计制作，最终效果如图9-17所示。

图9-17

Ai 知识点拓展

知识点1　为矢量图添加特殊效果

要为绘制的矢量图形应用效果，需要选择对应的矢量滤镜组，包括"3D"、"路径"、"风格化"等10组滤镜，每个滤镜组又包括若干个滤镜。只要用户选择的对象符合执行命令的要求，在弹出的对话框中设置其参数，即可应用相应的效果。下面将对一些常用的矢量图特殊效果进行讲述。

1. 变形

使用"效果"→"变形"菜单中的命令，可以为对象添加变形效果，它可以应用到对象、组合和图层中。首先选中对象、组合或是图层，然后执行"效果"→"变形"菜单中的任意子菜单即可。该菜单下有15种不同的变形效果，它们拥有一个相同的设置对话框——"变形选项"对话框，效果如图9-18所示。用户可以在"样式"下拉列表中选择不同的变形效果，其选项与15种变形效果相同，然后改变相关设置即可得到所需的变形效果。

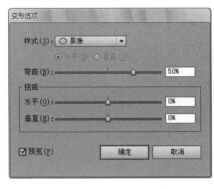

图9-18

2. 扭曲和变换

"扭曲和变换"滤镜组包括"变换"、"扭拧"、"扭转"、"收缩和膨胀"、"波纹效果"、"粗糙化"、"自由扭曲"7个滤镜，可以使图形产生各种扭曲变形的效果。

◆ 变换：该滤镜可使对象产生水平缩放、垂直缩放、水平移动、垂直移动、旋转、反转等效果。

◆ 扭拧：随机地向内或向外弯曲和扭曲路径段，使

知识

"变形"菜单中的命令与"变形选项"对话框"样式"下拉列表中的变形效果是相同的，如下图所示。

用绝对量或相对量设置垂直和水平扭曲，指定是否修改锚点、移动"导入"控制点和"导出"控制点。

◆ 扭转：旋转一个对象，中心的旋转程度比边缘的旋转程度大。输入一个正值将顺时针扭转，输入一个负值将逆时针扭转。

◆ 收缩和膨胀：在将线段向内弯曲（收缩）时，向外拉出矢量对象的锚点；或在将线段向外弯曲（膨胀）时，向内拉入矢量对象的锚点。这两个选项都可相对于对象的中心点来拉出锚点。

◆ 波纹效果：用大小的尖峰和凹谷形成锯齿和波形数组，可使用绝对大小或相对大小设置尖峰与凹谷之间的长度。也可设置每个路径段的脊状数量，并在波形边缘（平滑）和锯齿边缘（尖锐）之间选择其一。

◆ 粗糙化：可将矢量对象的路径段变形为各种大小的尖峰和凹谷的锯齿数组。使用绝对大小或相对大小设置路径段的最大长度。可设置每英寸锯齿边缘的密度（细节），并在波形边缘（平滑）和锯齿边缘（尖锐）之间选择其一。

◆ 自由扭曲：可以通过拖动4个角落任意控制点的方式来改变矢量对象的形状。

3. 栅格化

"栅格化"效果是将矢量图形转换为位图图形的过程。在栅格化过程中，Illustrator会将图形路径转换为像素，设置的栅格化选项将决定结果像素的大小及特征。

选中图形，执行"效果"→"栅格化"命令，弹出"栅格化"对话框，如图9-19所示，根据需要设置颜色模式和分辨率大小等选项，设置完成后单击"确定"按钮，可将矢量图形转变为位图。

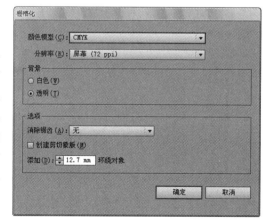

图9-19

4. 风格化

"风格化"滤镜组包括"内发光"、"圆角"、"外发光"、"投影"、"涂抹"和"羽化"滤镜。

◆ 内发光：选中图形，执行"滤镜"→"风格化"→"内发光"命令，弹出"内发光"对话框。设置完成后单击"确定"按钮，添加滤镜后的效果如图9-20右图所示。

图9-20

知 识

在"内发光"对话框中，可以通过"模式"下拉列表控制图层的混合模式，并可以在"不透明度"参数栏中设置发光的透明度，在"模糊"参数栏中控制发光效果的模糊程度。

◆ 圆角：可以将选定图形的所有类型的角改变为平滑点。选中图形，执行"滤镜"→"风格化"→"圆角"命令，弹出"圆角"对话框。设置完成后单击"确定"按钮，添加滤镜后的效果如图9-21右图所示。

图9-21

知 识

在"圆角"对话框中，"半径"参数越大，圆角效果越明显，如下图所示。

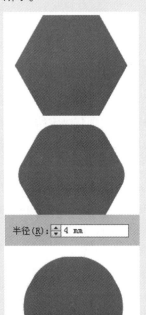

半径(R)：4 mm

半径(R)：8 mm

◆ 外发光：同"内发光"效果相似，该效果可以创建出模拟外发光的效果，如图9-22所示。可在"外发光"对话框中设置发光的颜色和效果。

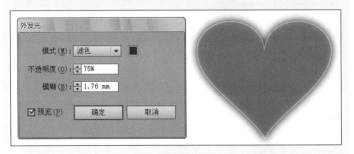

图9-22

◆ 投影：可以为选定的对象添加阴影。执行"滤镜"→"风格化"→"投影"命令,弹出"投影"对话框,如图9-23左图所示。设置完成后单击"确定"按钮,添加滤镜后的效果如图9-23右图所示。

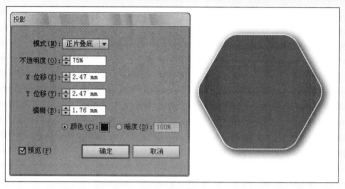

图9-23

◆ 涂抹:使用"涂抹"效果可以创建出类似彩笔涂画的视觉效果。执行"效果"→"风格化"→"涂抹"命令,打开"涂抹选项"对话框,如图9-24所示效果。设置完成后单击"确定"按钮,添加滤镜后的效果如图9-24右下图所示。

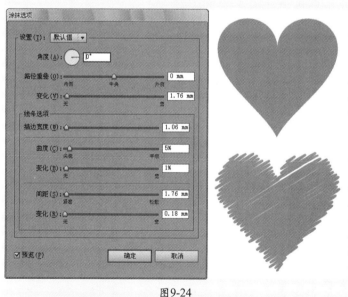

图9-24

◆ 羽化:"羽化"滤镜可以为选定的路径添加箭头。选中路径,如图9-25左图所示,执行"滤镜"→"风格化"→"羽化"命令,弹出"羽化"对话框,如图9-25中图所示。设置完成后单击"确定"按钮,添加滤镜后的效果如图9-25右图所示。

在"涂抹选项"对话框的"设置"下拉列表中预设了多种不同的效果,用户也可以通过设置下面的选项进行调整,创建出自己所喜欢的涂抹效果,如下图所示。

图9-25

知识点2　为位图添加特殊效果

位图滤镜是应用于位图图形的滤镜，包括10个滤镜组，每个滤镜组又包括若干个滤镜。下面将讲述"滤镜库"及常用的位图滤镜效果。

1. 滤镜库

通过"滤镜库"对话框，可以同时应用多个滤镜，并预览到滤镜效果，也能删除不需要的滤镜。执行"效果"→"效果画廊"命令，弹出如图9-26所示的对话框，如果要同时使用多个滤镜，可以在对话框的右下角单击"新建效果图层" ▇ 按钮，对图形继续应用一次滤镜效果。单击相应的效果图层后，便可以应用其他滤镜效果，从而实现多滤镜的堆叠。

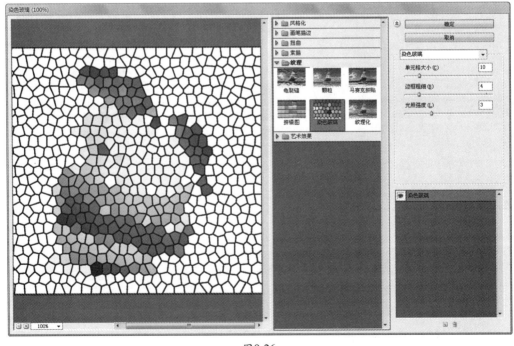

图9-26

2. 像素化

"像素化"滤镜组包括"彩色半调"、"晶格化"、"点状化"、"铜版雕刻"4个滤镜。这些滤镜可以将图形分块，就像由许多小块组成。

- ◆ 彩色半调：模拟在图形的每个通道上使用放大的半调网屏的效果。对于每个通道，滤镜将图形划分为许多个矩形，然后用圆形替换每个矩形。圆形的大小与矩形的亮度成比例。需要输入一个以像素为单位的最大半径值（介于4~127之间），再为通道输入一个网屏角度值（网点与实际水平线的夹角）。对于灰度图形，只能使用通道1；对于RGB图形，可以使用通道1、2和3，这3个通道分别对应于红色通道、绿色通道与蓝色通道；对于CMYK图形，可以使用所有4个通道，这4个通道分别对应于青色通道、洋红色通道、黄色通道以及黑色通道。
- ◆ 晶格化：将颜色集结成块，形成多边形。
- ◆ 点状化：将图形中的颜色分解为随机分布的网点，如同点状化绘画一样，并使用背景色作为网点之间的画布区域。
- ◆ 铜版雕刻：将图形转换为黑白区域的随机图案或彩色图形中完全饱和颜色的随机图案。

3. 扭曲

"扭曲"滤镜组包括"扩散亮光"、"海洋波纹"、"玻璃"3个滤镜，可以将图形进行几何扭曲。

- ◆ 扩散亮光：透过一个柔和的扩散滤镜将图形渲染成像。滤镜将透明的白色颗粒添加到图形上，并从选区的中心向外渐隐亮光。
- ◆ 海洋波纹：将随机分隔的波纹添加到图形上，使图形看上去像在水中。
- ◆ 玻璃：透过不同类型的玻璃来观看图形，可以选择一种预设的玻璃效果，可以调整缩放、扭曲和平滑度设置以及纹理选项来控制效果。

4. 模糊

"模糊"滤镜组包括"径向模糊"、"特殊模糊"、"高斯模糊"3个滤镜。"模糊"滤镜用于平滑边缘过于清晰和对比度过于强烈的区域，通过降低对比度柔化图形边缘。

通常用于模糊图形背景，突出前景对象，或创建柔和的阴影效果。

◆ 径向模糊："径向模糊"滤镜可以将图形旋转成圆形，或使图形从中心辐射出去，效果如图9-27所示。要沿同心圆环线模糊，选择"旋转"单选按钮，然后指定一个旋转角度；要沿径向线模糊，选择"缩放"单选按钮，模糊的图形线条就会从图形中心点向外逐渐放大，然后指定介于1~100之间的缩放值。通过拖移"中心模糊"框中的图案，可指定模糊的原点。

◆ 特殊模糊："特殊模糊"滤镜可以创建多种模糊效果，可以将图形中的折皱模糊掉，或将重叠的边缘模糊掉。选中图形。执行"效果"→"模糊"→"特殊模糊"命令，弹出"特殊模糊"对话框。设置完成后单击"确定"按钮，添加滤镜后的效果如图9-28右图所示。

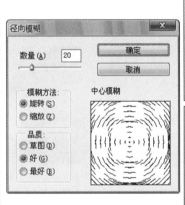

图9-27

图9-28

◆ 高斯模糊："高斯模糊"滤镜可以快速模糊选区，将移去高频出现的细节，并产生一种朦胧的效果。选中图形，执行"效果"→"模糊"→"高斯模糊"命令，弹出"高斯模糊"对话框，如图9-29右图所示。设置完成后单击"确定"按钮，添加滤镜后的效果如图9-29左图所示。

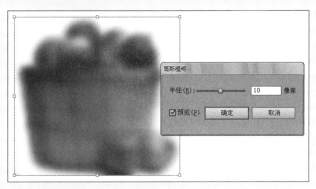

图9-29

5. 素描

"素描"滤镜组可以模拟现实生活中的素描、速写等美术方法对图形进行处理。

◆ 便条纸：创建类似手工制作的纸张构建的图形。

◆ 半调图案：在保持连续的色调范围的同时，模拟半调网屏的效果。

◆ 图章：可简化图形，使之呈现用橡皮或木制图章盖印的样子，用于黑白图形时效果最佳。

◆ 基底凸现：变换图形，使之呈现浮雕的雕刻状，突出光照下变化各异的表面。图形中的深色区域将被处理为黑色，而较亮区域则被处理为白色。

◆ 影印：模拟影印图形的效果。大的暗区趋向于只复制边缘四周，而中间色调可以为纯黑色，也可以为纯白色。

◆ 撕边：将图形重新组织为粗糙的撕碎纸片的效果，然后使用黑色和白色为图形上色。对于由文字或对比度高的对象所组成的图形，效果更明显。

◆ 水彩画纸：利用有污渍的、像画在湿润而有纹的纸上的涂抹方式，使颜色渗出并混合。

◆ 炭笔：重绘图形，产生色调分离的、涂抹的效

技 巧

可以使用"高斯模糊"命令制作物体的阴影效果。首先绘制出主体物，并在主体物的下方绘制黑色椭圆。

执行"高斯模糊"命令，为其添加模糊效果。

将模糊的图形复制一份。

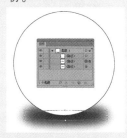

将复制的模糊图形缩小，再给正圆形添加一个径向渐变，一个带有阴影效果的圆球就做好了。

果。主要边缘以粗线条绘制，而中间色调用对角描边进行素描。炭笔被处理为黑色，纸张被处理为白色。

◆ 炭精笔：在图形上模拟浓黑和纯白的炭精笔纹理。炭精笔滤镜对暗色区域使用黑色，对亮色区域使用白色。

◆ 石膏效果：对图形进行类似石膏的塑模成像，然后使用黑色和白色为结果图形上色。暗区凸起，亮区凹陷。

◆ 粉笔和炭笔：重绘图形的高光和中间调，其背景为粗糙粉笔绘制的纯中间调。阴影区域用对角炭笔线条替换。炭笔用黑色绘制，粉笔用白色绘制。

◆ 绘图笔：使用纤细的线性油墨线条捕获原始图形的细节，使用黑色代表油墨、白色代表纸张来替换原始图形中的颜色。在处理扫描图形时的效果十分出色。

◆ 网状：模拟胶片乳胶的可控收缩和扭曲来创建图形，使之在暗调区域呈结块状，在高光区域呈轻微颗粒化。

◆ 铬黄：将图形处理成类似擦亮的铬黄表面。高光在反射表面上是高点，暗调是低点。

6. 纹理

"纹理"滤镜组可以在图形中加入各种纹理效果，赋予图形一种深度或物质的外观。

◆ 拼缀图：将图形分解为由若干方形图块组成的效果，图块的颜色由该区域的主色决定，随机减小或增大拼贴的深度，以复现高光和暗调。

◆ 染色玻璃：将图形重新绘制成许多相邻的单色单元格效果，边框由填充色填充。

◆ 纹理化：将所选择或创建的纹理应用于图形。

◆ 颗粒：通过模拟不同种类的颗粒对图形添加纹理。

◆ 马赛克拼贴：绘制图形，看起来像是由小的碎片或拼贴组成，然后在拼贴之间添加缝隙。

◆ 龟裂缝：根据图形的等高线生成精细的纹理，应用此纹理使图形产生浮雕的效果。

知 识

应用"素描"滤镜组中的滤镜后的效果如下图所示。

7. 艺术效果

"艺术效果"滤镜组可以为照片添加画派效果，为精美艺术品或商业项目制作绘画效果或特殊效果。

- ◆ 塑料包装：使图形好像罩了一层光亮塑料，以强调表面细节。
- ◆ 壁画：以一种粗糙的方式，使用短而圆的描边绘制图形，使图形看上去像是草草绘制的。
- ◆ 干画笔：使用干画笔技巧（介于油彩和水彩之间）绘制图形边缘，通过降低其颜色范围来简化图形。
- ◆ 底纹效果：在带纹理的背景上绘制图形，然后将最终图形绘制在该图形上。
- ◆ 彩色铅笔：使用彩色铅笔在纯色背景上绘制图形。保留重要边缘，外观呈粗糙阴影线，纯色背景色透过比较平滑的区域显示出来。
- ◆ 木刻：将图形描绘成好像是由从彩纸上剪下的边缘粗糙的剪纸片组成的。高对比度的图形看起来呈剪影状，而彩色图形看上去是由几层彩纸组成的。
- ◆ 水彩：以水彩风格绘制图形，简化图形细节，使用蘸了水和颜色的中号画笔绘制。当边缘有显著的色调变化时，此滤镜会使颜色更饱满。
- ◆ 海报边缘：根据设置的海报化选项值减少图形中的颜色数，然后找到图形的边缘，并在边缘上绘制黑色线条。图形中较宽的区域将带有简单的阴影，而细小的深色细节则遍布图形。
- ◆ 海绵：使用颜色对比强烈、纹理较重的区域创建图形，使图形看上去好像是用海绵绘制的。
- ◆ 涂抹棒：使用短的对角描边涂抹图形的暗区以柔化图形。亮区变得更亮，并失去细节。
- ◆ 粗糙蜡笔：使图形看上去好像是用彩色蜡笔在带纹理的背景上描出的。在亮色区域，蜡笔看上去很厚，几乎看不见纹理；在深色区域，蜡笔似乎被擦去了，使纹理显露出来。
- ◆ 绘画涂抹：可以选择各种大小和类型的画笔来创建绘画效果。画笔类型包括简单、未处理光照、未处理深色、宽锐化、宽模糊和火花。
- ◆ 胶片颗粒：将平滑图案应用于图形的暗调色调

和中间色调，将一种更平滑、饱合度更高的图案添加到图形的较亮区域。通常用于消除混合中的条带及将各种来源的元素在视觉上进行统一时。

- ◆ 调色刀：减少图形中的细节以生成描绘得很淡的画布效果，可以显示出其下面的纹理。
- ◆ 霓虹灯光：为图形中的对象添加各种不同类型的灯光效果。在为图形着色并柔化其外观时，此滤镜非常有用。若要选择一种发光颜色，单击发光框，并从拾色器中选择一种颜色。

知识点3　使用3D效果

在Illustrator中，可以将所有二维形状、文字转换为3D形状。在3D选项对话框中，可以改变3D形状的透视、旋转，并添加光亮和表面属性。另外，3D效果也可以在任何时候编辑源对象，并可即时观察到3D形状随之而来的变化，如图9-30所示。

添加3D效果后，该效果会在"外观"面板上显示出来，如图9-31所示。和其他外观属性相同，用户也可以编辑3D效果，并可以在面板叠放顺序中改变该效果的位置、复制或删除该效果。用户还可以将3D效果存储为可重复使用的图形样式，以便在以后对许多对象应用此效果。

图9-30

图9-31

1. 凸出和斜角

创建3D效果时，首先创建一个封闭路径，该路径可以包括一个描边、一个填充或二者都有。选中对象后，执行"效果"→"3D"→"凸出和斜角"命令，打开"3D凸出和斜角选项"对话框。对话框上半部分包含旋转和透视选项，现在主要看一下"凸出与斜角"选项组中的内容，如图9-32所示。

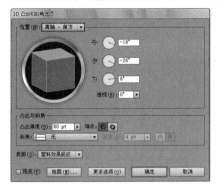

图9-32

"凸出厚度"选项可设置2D对象需要被挤压的厚度。在"端点"选项后，单击"开启端点以建立实心外观" 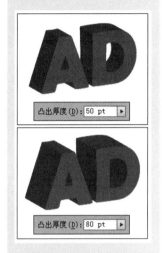 按钮，可以创建实心的3D效果；单击"关闭端点以建立空心外观"按钮，可创建空心外观。在"斜角"下拉列表中，Illustrator提供了10种不同的斜角样式供用户选择，还可以在后面的参数栏中设置数值，来定义倾斜的高度值。

2. 绕转

通过绕Y轴旋转对象，可以创建3D绕转对象。和填充对象相同，实心描边也可以实现饶转。选中路径后，执行"效果"→"3D"→"绕转"命令，打开"3D绕转选项"对话框，如图9-33所示。用户可以在"角度"参数栏中输入1~360°的数值来设置想要将对象旋转的角度，或通过滑块来设置角度。一个被旋转了360°的对象看起来是实心的，而一个旋转角度低于360°的对象会呈现出被分割开的效果。

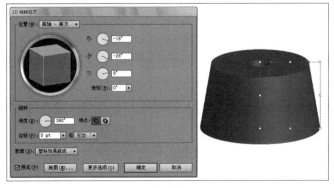

图9-33

3. 旋转

执行"效果"→"3D"→"旋转"命令，打开"3D旋转选项"对话框，如图9-34所示。该对话框可用于旋转2D和3D的形状。可以从"位置"下拉列表中选取预设的旋转角度，或在X、Y、Z参数栏中输入-180°～180°之间的数值，以控制旋转的角度。

如果想手动旋转对象，单击立方体一个表面的边缘并拖动即可，每一个平面的边缘都有对应的颜色高光，这样用户就可以知道是通过对象3个平面的哪个平面进行旋转的，红颜色代表对象的Z轴，对象的旋转限制在某一特殊轴的平面里。记住，必须拖动立方体的边缘才能束缚旋转，在拖动时注意相应的参数栏里的数值变化。如果想相对3个轴旋转对象，直接单击立方体的一个表面并拖动，或单击立方体后的黑色区域并拖动，3个参数栏的数值都会改变。如果用户只是想旋转对象，在圆内、立方体外单击并拖动即可。

图9-34

4. 增加透视变化

在"3D 凸出和斜角选项"对话框中，可以通过更改"透视"数值，为添加3D效果的对象增加透视变化。小一点的数值可模拟相机远景的效果，大一点的数值可模拟相机广角的效果。

5. 表面纹理

Illustrator提供了很多选项来对3D对象添加底纹，还可选择给对象加上灯光，增加更多的变化效果。在"3D 凸出和斜角选项"对话框的"表面"列表中包含4个选项，如图9-35所示。

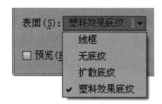

图9-35

当选择了"扩散底纹"或是"塑料效果底纹"选项后，用户可以通过调整照亮对象的光源方向和强度，来进一步完善对象的视觉效果。单击"更多选项"按钮，将完全展开对话框，用户可以改变"光源强度"、"环境光"、"高光强度"等参数设置，创建出无数个变化方案，效果如图9-36所示。

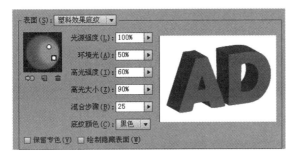

图9-36

6. 添加贴图

Illustrator可以将艺术对象映射到2D或是3D形状的表面。单击"3D凸出和斜角选项"或是"3D绕转选项"对话框中的"贴图"按钮，可打开"贴图"对话框，如图9-37所示。

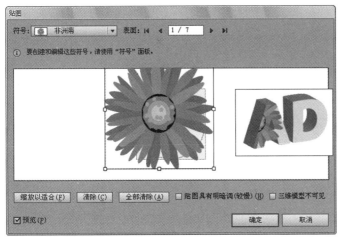

图9-37

在具体操作时，首先通过单击"表面"右侧的箭头按钮，选择需要添加贴图的面，然后在"符号"下拉列表中选择一个选项，将其应用到所选的面上，然后在预览框中拖动控制柄来调整贴图的大小、位置和旋转方向。用户可自定一个贴图，将其添加到"符号"面板中，然后通过"贴图"对话框应用到对象的表面上。

Ai 独立实践任务

任务2 设计制作音乐网站图标

🖥 任务背景

某电子运营商近期推出一款供音乐爱好者制作和编辑音乐的软件，委托本公司为该软件设计软件图标。该图标的参考效果如图9-38所示。

图9-38

🖥 任务要求

图标简洁时尚、识别性强。

🖥 任务分析

黑白一直是潮流时尚的代言色，长期以来颇受广大青年朋友的喜爱，画面提取音响的喇叭代表音乐的元素，图标看起来魅惑迷人。

🖥 操作步骤

一、填空题

1. 在Illustrator CS6软件中，"效果"菜单上半部分的效果是_____效果，下半部分的效果是_____效果。

2. 在Illustrator CS6软件中，有两种创建3D对象的方法：通过_____或_____。

3. 要应用或修改现有3D对象的3D效果，请选择该对象，然后在"_____"面板中双击该效果。

4. "_____"效果组中的命令可以对选择的对象进行各种弯曲效果设置。

二、选择题

1. 下面关于投影效果的描述，正确的是（　　）。

　　A. 投影效果只对矢量图形有效

　　B. 投影效果只对图像有效

　　C. 投影效果生成的阴影是矢量图形

　　D. 投影效果生成的阴影是位图

2. 在Illustrator中可以将光栅图马赛克化，下面的描述正确的是（　　）。

　　A. 马赛克后的光栅图依旧保持光栅图的特性

　　B. 执行"马赛克"命令的图像被转化为由马赛克的小格子组成的图形

　　C. 马赛克的小格子的颜色是不可以改变的

　　D. 马赛克的小格子的尺寸是不可以改变的

3. 下面有关滤镜变形命令描述不正确的是（　　）。

　　A. 执行"粗糙化"命令可使图形的边缘变得粗糙，同时图形的节点减少

　　B. 执行"自由扭曲"命令可对图形进行自由变形

　　C. "尖角和圆角变形"命令可以改变图形的形状，但是不改变图形的节点数量

　　D. 执行"涡形旋转"命令可通过围绕中心旋转来改变物体外形

4. 下面有关滤镜风格化命令描述正确的是（　　）。

　　A. "加箭头"命令只是用于对开放路径加箭头，对于封闭的路径则不可以执行此命令

　　B. "加箭头"命令中提供了15种箭头形状

　　C. "加阴影"命令只能对矢量图形建立投影

　　D. "风格化"命令可对任何图形建立投影，并可以改变阴影和下面图形的混合模式，以及阴影的位移量

模 块

10 设计制作吊牌
——打印与PDF文件制作

任务参考效果图：

能力目标：

1. 文件输出的应用
2. 可以自己输出和打印文件

软件知识目标：

1. 掌握打印设置
2. 掌握输出设备的类别
3. 掌握基本的印刷术语

专业知识目标：

1. 了解吊牌的制作方法
2. 了解文件后期的制作

课时安排：

2课时（讲课1课时，实践1课时）

Ai 模拟制作任务

任务1　服装吊牌的设计

🖥 任务背景

某时尚服饰公司需要为一款服饰制作吊牌，以标注服饰的款号等信息，委托本公司为其设计制作吊牌。

🖥 任务要求

吊牌为正反两面，正面为体现企业形象的图案，背面为产品的详细信息和注意事项。

🖥 任务分析

该吊牌的制作相对简单，主要就是正面内容的安排。在此，找了一张矢量的时尚美女图案，并通过剪切蒙版功能只显示了女孩身体的部分内容，再将公司的标志放在了画面的左下角。通过这种构图方式，力求打造简洁、时尚的画面风格。

🖥 最终效果

本任务素材文件和最终效果文件在"光盘:\素材文件\模块10"目录下，操作视频在"光盘:\操作视频\模块10"目录下。

🖥 任务详解

STEP 01 执行"文件"→"新建"命令，创建一个新文件，如图10-1所示。

STEP 02 选择工具箱中的"圆角矩形工具"，在视图中绘制图形，如图10-2所示。

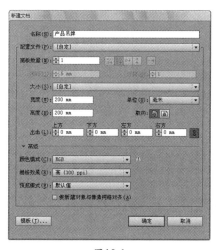

图10-1

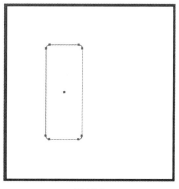

图10-2

STEP 03 参照图10-3，设置圆角矩形的颜色为粉色。

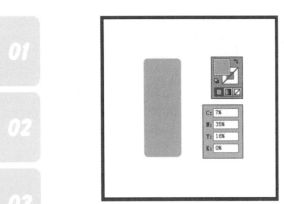

图10-3

STEP 04 使用"椭圆工具"  在圆角矩形的
上面绘制小圆,效果如图10-4所示。

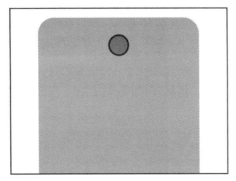

图10-4

STEP 05 选中这两个图形,在"路径查找
器"面板中单击"减去顶层"  按钮,修剪
图形,效果如图10-5所示。

图10-6

图10-7

STEP 08 选中所有图形,在视图中右击,在
弹出的快捷菜单中执行"建立剪切蒙版"命
令,效果如图10-8所示。

图10-5

STEP 06 打开"光盘:\素材文件\模块10\女
孩.ai"文件,将女孩图形复制到当前文档
中,放置在如图10-6所示的位置。

STEP 07 选中圆角矩形,按Ctrl + C快捷键和
Ctrl + Shift + V快捷键,将图形复制并原位拷
贝下来,如图10-7所示。

图10-8

STEP 09 将"女孩.ai"文件的文字图形复制到当前文档中，参照图10-9调整文字图形的位置和颜色。

图10-9

STEP 10 在"图层"面板中，将圆角矩形复制，移动到图层的最顶端，如图10-10所示。

图10-10

STEP 11 使用"移动工具" ![] 将图形向右侧移动一些，如图10-11所示。

STEP 12 参照图10-12，将图形的颜色设置为灰色。

STEP 13 最后在吊牌的背面添加相关的文字信息，完成设计制作，最终效果如图10-13所示。为了便于读者查看，整个画面背景填充为深灰色。

图10-11

图10-12

图10-13

知识点1 文件的打印

完成的设计作品，其最终目的就是打印、印刷或发布到网络。Illustrator CS6具有强大的打印与导出PDF功能，可以方便地进行打印设置，并可在激光打印机、喷墨打印机中打印高分辨率彩色文档，还可以将页面导出为PDF。

1. 打印设置

● **常规**

执行"文件"→"打印"命令，或按Ctrl + P快捷键，弹出"打印"对话框，单击左边列表中的"常规"选项，对话框显示如图10-14所示。

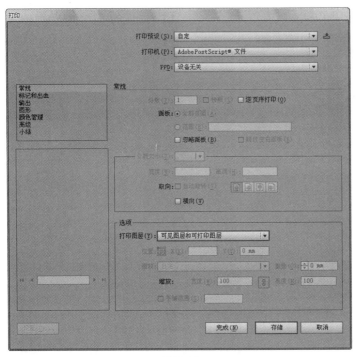

图10-14

● **标记和出血**

单击左边列表中的"标记和出血"选项，对话框显示如图10-15所示。

◆ 所有印刷标记：打印所有的打印标记。

◆ 裁切标记：在被裁剪区域的范围内添加一些垂直和水平的线。

- ◆ 套准标记：用来校准颜色。
- ◆ 颜色条：一系列的小色块，用来描述CMYK油墨和灰度的等级，可以用来校正墨色和印刷机的压力。
- ◆ 页面信息：包含打印的时间、日期、网线、文件名称等信息。
- ◆ 印刷标记类型：有"西式"和"日式"两种。
- ◆ 裁切标记粗细：裁切标记线的宽度。
- ◆ 位移：指裁切线和工作区之间的距离，可避免制图打印的标记在出血上，它的值应该比出血的值大。
- ◆ 出血：指定顶、底、左、右的出血值。

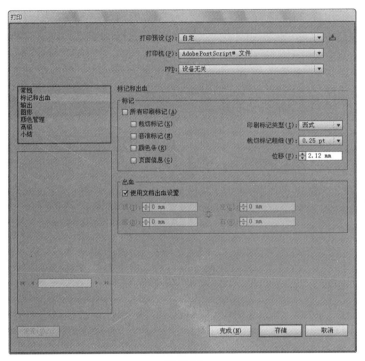

图10-15

- ● 输出

单击左边列表中的"输出"选项，对话框显示如图10-16所示。该选项组用来设置输出文件的分色模式、打印机分辨率等选项。

- ● 图形

单击左边列表中的"图形"选项，对话框显示如图10-17所示。

- ◆ 路径：当路径向曲线转换的时候，如果选择的是"品质"，那么会有很多细致的线条的转换效果；如果选择的是"速度"，那么转换的线条的

知 识

在"打印"对话框选中"输出"选项后，其中的选项含义如下。
- ● 模式：设置分色模式。
- ● 药膜：胶片或纸上的感光层。
- ● 图像：通常的情况下，输出的胶片为负片，类似照片底片。
- ● 打印机分辨率：前面的数字是加网线数，后面的数字是分辨率。

数目会很少。

◆ 下载：显示下载的字体。

◆ PostScript：选择PostScript兼容性水平。

◆ 数据格式：数据输出的格式。

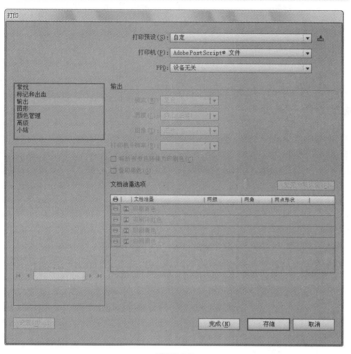

图10-16

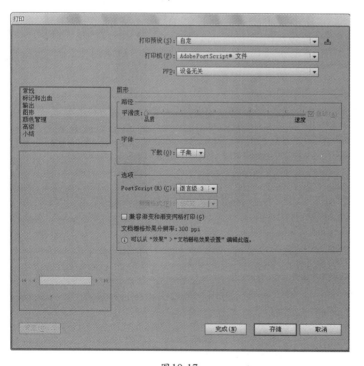

图10-17

● 颜色管理

单击左边列表中的"颜色管理"选项，对话框显示如图10-18所示。

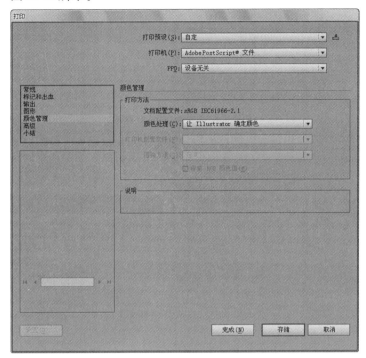

图10-18

◆ 颜色处理：确定是在应用程序中还是在打印设备中使用颜色管理。

◆ 打印机配置文件：选择适用于打印机和将使用的纸张类型的配置文件。

◆ 渲染方法：确定颜色管理系统如何处理色彩空间之间的颜色转换。

● 高级

单击左边列表中的"高级"选项，对话框显示如图10-19所示。

◆ 打印成位图：把文件作为位图打印。

◆ 叠印：可以选择使用的叠印方式。

◆ 预设：可以选择"高分辨率"、"中分辨率"或"低分辨率"选项。

● 小结

单击左边列表中的"小结"选项，对话框显示如图10-20所示。

◆ 选项：用户在前面所做的设置在这里可以看到，

以便进行确认和及时修改。

◆ 警告：如果会出现问题或冲突，在这里进行警告提示。

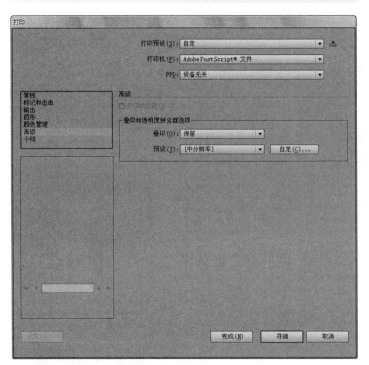

图10-19

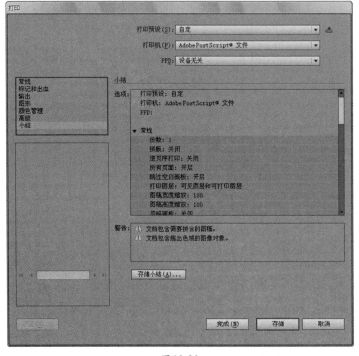

图10-20

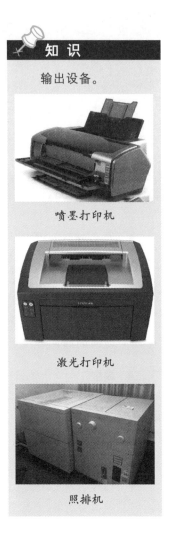

知 识

输出设备。

喷墨打印机

激光打印机

照排机

2. 输出设备

在输出时，考虑颜色的质量和输出的清晰度是十分重要的。打印机的分辨率通常是以每英寸多少点（dpi）来衡量，点数越多，质量就越好。

● **喷墨打印机**

低档喷墨打印机是生成彩色图像的最便宜方式。这些打印机通常采用高频仿色技术，利用墨盒中喷出的墨水来产生颜色。高频仿色过程一般采用青色、洋红色、黄色以及通常使用的黑色（CMYK）等墨水的色点图案产生上百万种颜色的错觉。在许多喷墨打印机里，色点图案是很容易看见的，颜色也不总是高度精确的。虽然许多新的喷墨打印机以300dpi的分辨率输出，但大多数的高频仿色和颜色质量不太精确，因而不能提供屏幕图像的高精度输出。

中档喷墨打印机的新产品采用的技术提供了比低档喷墨打印机更好的彩色保真度。

高档喷墨打印机通过在产生图像时改变色点的大小来生成质量几乎与照片一样的图像。

● **激光打印机**

激光打印机分为黑白和彩色两种。彩色激光打印技术使用青、洋红、黄、黑色墨粉来创建彩色图像，其输出速度很快。

● **照排机**

主要用于商业印刷厂的图像照排机是印前输出中心使用的一种高级输出设备，以1200~3500dpi的分辨率将图像记录在纸或胶片上。印前输出中心可以在胶片上提供样张（校样），以便精确地预览最后的彩色输出。然后图像照排机的输出被送至商业印刷厂，由商业印刷厂用胶片产生印版。这些印版可用在印刷机上以产生最终印刷品。

3. 印刷术语

下面介绍一些常用的印刷术语。

◆ 拼版：在印版上安排页面，将一些做好的单版组排成为一个整的印刷版。印刷版是对齐的页面组，对它们进行折叠、剪切和修整后，将会产生正确的堆叠顺序。

◆ 网点：绘画作品或彩色照片都是用连续色调表现画面浓淡层次的，即色彩浓的地方色素堆积得厚一些，色彩淡的地方色素也相应薄一些。印刷品利用网点的大小表现画面每个微小部位色彩的浓淡，大小不等的网点组成了各种丰富的层次。网

知 识

拼版效果如下图所示。

点的形状有圆形、菱形、方形、梅花形等，网点的大小是决定色调厚薄的关键因素。网点有一定角度，即加网角度。如果加网角度不合适，很容易出现龟纹。网点的大小以线数来表示，线数简称lpi，线数越多，网点越小，画面表现的层次就越丰富。报纸一般都采用比较低的100lpi印刷，而彩色画报、杂志等则采用175lpi印刷。

◆ 分色：通常情况下，在印刷前都必须对文件进行分色处理，即将包含多种颜色的文件输出分离在青、洋红、黄、黑4个印版上。这里指的是传统的印刷，如果是数码印刷就不需要了。

◆ 套印：彩色印刷是由4种基本色来完成的，青（C）、洋红（M）、黄（Y）和黑（K），简称CMYK。套印是指印刷时要求各色版重叠套准，4种色版的角线完全对齐，从而确保印面色彩相互不偏位。

◆ 漏白与补漏白：漏白是指印刷用纸多为白色，印刷或制版时，该连接的色不密合，露出白纸底色。补漏白是指分色制版时有意使颜色交接位扩张爆肥，减少套印不准的影响。

◆ 制版：又称为晒PS版，通常简称为晒版。它是一种预涂感光版，以铝为版基，上面涂有感光剂。

◆ 覆膜：用覆膜机在印品的表面覆盖一层0.012~0.020mm厚的透明塑料薄膜而形成一种纸塑合一的产品加工技术。覆膜是印刷之后的一种表面加工工艺，又被人们称为印后过塑、印后裱胶或印后贴膜，一般来说，根据所用工艺可分为即涂膜、预涂膜两种，根据薄膜材料的不同分为亮光膜、亚光膜两种。覆膜工艺广泛应用于各类包装装潢印刷品，各种装订形式的书刊、本册、挂历、地图等，是一种很受欢迎的印品表面加工技术。

◆ 模切：把钢刀片按设计图形镶嵌在木底板上排成模框，或者用钢板雕刻成模框，在模切机上把纸片轧成一定形状的工序，适合商标、盘面、瓶贴和标签等边缘呈曲线的印刷品成形加工。近年利用激光切割木底板镶嵌钢刀片，大大提高了模切作业的精度和速度。

◆ 凹凸压印：不施印墨，只用凹模和凸模在印刷品

知 识

叠印、套印与陷印，效果如下图所示。

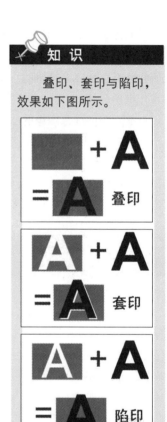

或白纸上压出浮雕状花纹或图案的工艺，广泛用于书籍封皮、贺卡、标签、瓶贴及包装纸盒的装饰加工。

◆ 压痕：压痕是利用压印钢线在纸片上压出痕迹或留下供弯折的槽痕。常把压痕钢线与模切钢刀片组合嵌入同一木底板上成为模切版，用于包装折叠盒的成形加工。

◆ 烫金（银）：一种不用油墨的特种印刷工艺，借助一定的压力与温度，运用装在烫印机上的模板，使印刷品和烫印箔在短时间内相互受压，将金属箔或颜料按烫印模板的图文转印到被烫印刷品表面。精致的书刊封皮、高档包装纸盒、贺卡、商标或封面等，多采取烫箔金（银）处理。

◆ 上光：使用印刷机在印刷品表面涂敷一层无色透明涂料，如古巴胶、丙烯酸酯等，干后起到保护和增加印刷品光泽的作用。也有采用涂敷热塑性涂料后通过辊压使印刷品表面形成高光泽镜面效果的压光法的。图片、画册、高档商标、包装装潢及商业宣传品等经常进行上光加工。

◆ 粘胶：用粘胶剂将印刷品某些部分连接形成具有一定容积空间的立体或半立体成品。粘胶分为手工粘胶和机械粘接两类，主要用于制作包装盒和手提袋等。

◆ 四色印刷：彩色画稿或彩色照片，其画面上的颜色数有成千上万种。若要把这些颜色逐色地印刷，几乎是不可能的。印刷上采用的是四色印刷的方法，即先将原稿进行色分解，分成青（C）、洋红（M）、黄（Y）、黑（K）四色色版，然后在印刷时再进行色的合成。

◆ 单色印刷：利用单版印刷，既可以是黑版印刷、色版印刷，也可以是专色印刷。专色印刷是指专门调制设计中所需的一种特殊颜色作为基色，通过一版印刷完成。单色印刷使用较为广泛，并且同样会产生丰富的色调，达到令人满意的效果。在单色印刷中，还可以用色彩纸作为底色，印刷出来的效果类似二色印刷，但又有一种特殊韵味。

知 识

模切板效果如下图所示。

凹凸压印效果如下图所示。

压痕效果如下图所示。

烫金效果如下图所示。

专色印刷效果如下图所示。

◆ 双色/三色印刷：将四版中的两版抽离，只有两版印刷，即二色印刷。可产生第三种颜色，如蓝色与黄色混合可以得到绿色，至于得到绿色的深浅度则完全依赖于蓝色与黄色之间网点的比例。图片也可通过某两种色版来印刷，以达到特殊色效果。也可以将四色版中的一版抽离，保留三色版印刷。为了使画面效果清晰突出，往往三色中以颜色较重、调子较深的版作为主色。在设计中偶尔采用这样的印刷方式，将会产生一种新鲜的感觉。应用于对景物的环境、氛围、时间和季节的表现，则可起到特殊的创意效果。

◆ 专色印刷：在印刷时，不是通过印刷C、M、Y、K四色合成这种颜色，而是专门用一种特定的油墨来印刷该颜色。专色油墨是由印刷厂预先混合好或油墨厂生产的。对于印刷品的每一种专色，在印刷时都有专门的一个色版对应。使用专色可使颜色更准确。尽管在计算机上不能准确地表示颜色，但通过标准颜色匹配系统的预印色样卡，能看到该颜色在纸张上的准确颜色，如Pantone彩色匹配系统就创建了很详细的色样卡。

◆ 光泽色印刷：主要是指印金或印银色，要制专色版，一般采用金墨或银墨印刷，或用金粉、银粉与亮光油、快干剂等调配印刷。通常情况下，印金或印银色最好铺底色，这是因为如果金墨或银墨直接印在纸张表面，会因为纸面吸油程度影响到金墨或银墨的光泽。一般来说，可根据设计要求选择某一色调铺底。如果要求金色发暖色光泽，可选用红版作为铺底色；反之，则可选择蓝色；若要既深沉又有光泽，可选择黑色铺底。

知识点2　PDF文件制作

随着科技的不断发展，产生了"无纸化办公"，便携文档格式（PDF）也应运而生，并且被广为使用，以简化文档交换、省却纸张流程。Adobe Acrobat软件突破了文件电子管理系统的种种局限，将办公自动化提升到了真正的文件电子管理时代。

PDF全称Portable Document Format，是Adobe公司开发的电子文件格式。这种文件格式与操作系统平台无关，也就是说，PDF文件不管是在Windows、Unix还是在苹果公司的Mac OS操作系统中都是通用的。这一特点使它成为在Internet上进行电子文档发布和数字化信息传播的理想文档格式。越来越多的电子图书、产品说明、公司文告、网络资料、电子邮件开始使用PDF格式文件。PDF格式文件目前已成为数字化信息事实上的一个工业标准。

PDF文件具有以下特点。

◆ PDF是一种"文本图像"格式，能保留源文件中字符、字体、版式、图像和色彩的所有信息。

◆ PDF的文件尺寸很小，文件浏览不受操作系统、网络环境、应用程序版本、字体等限制，非常适宜网上传输，可通过电子邮件快速发送，也可传送到局域网服务器上，所以PDF是文件电子管理解决方案中理想的文件格式。

◆ 创建PDF文件就像许多应用程序中单击一个按钮那么简单。

◆ 通过Acrobat软件还可以对PDF文件进行密码保护，以防止其他人在未经授权的情况下查看和更改文件，还可让经授权的审阅者使用直观的批注和编辑工具。Acrobat软件具有全文搜索功能，可对文档中的字词、书签和数据域进行定位，是文件电子管理审阅批注的最佳工具。

◆ 由于PDF文件极佳的互换性，因此在推出后几年内就成为网上出版的标准。除了直接交付外，PDF非常适合通过E-mail传送，或者放在网络中供人下载阅读。

当制作完成一副作品之后，执行"文件"→"存储为"命令，弹出"存储为"对话框，如图10-21所示。在"保存类型"下拉列表中选择"Adobe PDF（*.PDF）"选项，然后单击"保存"按钮进行保存。

图10-21

Ai 独立实践任务

任务2　设计制作童装吊牌

📺 任务背景

某童装公司近期推出一款童装，委托本公司为该服饰设计制作吊牌，其参考效果如图10-22所示。

图10-22

📺 任务要求

突出儿童服饰的特点，要求吊牌有趣味、活泼。

📺 任务分析

该吊牌在设计制作时，采用异形的外部轮廓，主题图案采用一只可爱的小河马图形，色彩采用天蓝色为主色调，整个画面透露出一种清新、可爱的童趣视觉效果。

操作步骤

一、填空题

1. 在Adobe Illustrator中，图案的表现形式主要有3种：_____、_____、_____。

2. Illustrator的填充类型有3种：_____、_____和_____，同时_____也是描边类型的一种（另一种为颜色描边）。

3. 检验图案拼贴正确与否的最首要的原则是它的_____。

4. 在制作图形的时候，发现自己操作错误时，可以通过按_____快捷键返回到上一步。

二、选择题

1. "画笔"面板中共包含4种类型的笔刷，下列哪项不包含其中？（　　）

　　A. 图案画笔

　　B. 边线画笔

　　C. 散点画笔

　　D. 书法效果画笔

2. 在Illustrator文件中置入的图像，有链接和嵌入之分，它们的区别在于（　　）。

　　A. 嵌入的图像色彩逼真

　　B. 置入的图像链接到文件中，文件就会变大

　　C. 置入的图像嵌入到文件中，文件就会变大

　　D. 链接的图像会以灰度形式显示

3. 下列描述不正确的是（　　）。

　　A. "外观"面板中可显示填充、边线、透明和使用的效果等信息

　　B. "动作"面板中可记录操作过程，并通过记录的动作对其他类似的图形进行批处理

　　C. 如果内存允许，"图层"面板中的图层数量没有限制

　　D. 在"图层"面板中，最多可设定25个图层

模 块 11 综合实例

Illustrator的应用范围非常广泛，不论是广告，还是包装、插画，都离不开Illustrator的帮助。本模块将带领读者一起制作两个实例，通过这个过程，使读者进一步掌握软件的使用方法和使用技巧。

Ai 模拟实训1——饮料海报设计

海报是一种信息传递艺术，是一种大众化的宣传工具。海报必须有相当强的号召力与艺术感染力，要调动形象、色彩、构图、形式感等因素产生强烈的视觉效果；它的画面应有较强的视觉中心，应力求新颖、单纯，还必须具有独特的艺术风格和设计特点。

下面制作关于饮料的海报，要求掌握使用混合工具创建较为复杂图形的方法，学会为图形添加封套和创建剪切蒙版，能用"路径查找器"面板改变图形形状。

🖥 最终效果

本任务最终效果文件在"光盘:\素材文件\模块11"目录下。

1. 绘制背景和主体物图形

STEP 01 执行"文件"→"新建"命令，打开"新建文档"对话框，参照图11-1设置页面大小，单击"确定"按钮完成设置，即可创建一个新文档。

图11-1

STEP 02 单击工具箱中的"矩形工具" ，贴齐视图绘制同等大小的矩形。参照图11-2，在"渐变"面板中设置渐变色，为矩形添加渐变填充效果。单击工具箱中的"渐变工具" ，在视图中设置渐变滑杆，调整渐变填充效果。

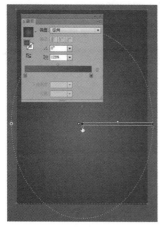

图11-2

STEP 03 使用工具箱中的"钢笔工具" 在视图中绘制饮料瓶的轮廓图形。参照图11-3，

为图形添加渐变填充效果，使图形具有金属质感。

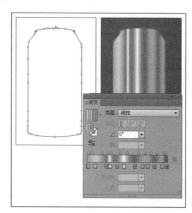

图11-3

STEP 04 参照图11-4，使用工具箱中的"钢笔工具" 在视图中绘制瓶盖图形。

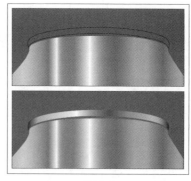

图11-4

STEP 05 继续绘制图形，分别为图形设置颜色，并取消轮廓线的填充，效果如图11-5所示。

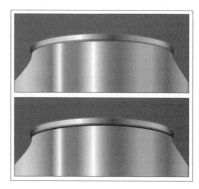

图11-5

STEP 06 使用工具箱中的"钢笔工具" 为饮料瓶绘制瓶底图形，分别为图形设置颜色，增强图形立体效果，如图11-6所示。

图11-6

STEP 07 继续使用"钢笔工具" 为饮料瓶绘制瓶底图形，效果如图11-7所示。

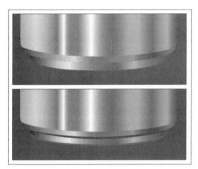

图11-7

STEP 08 在视图中绘制曲线图形，分别为图形设置渐变色，得到如图11-8所示效果。

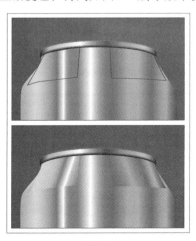

图11-8

STEP 09 参照图11-9，使用"钢笔工具" 在视图中为饮料瓶绘制细节图形。

图11-9

STEP 10 参照图11-10，在视图中绘制曲线图形，分别为图形填充白色和灰色（C：24、M：18、Y：17、K：0）。

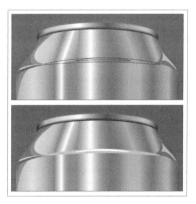

图11-10

STEP 11 选择刚刚绘制的两个曲线图形，执行"对象"→"混合"→"建立"命令，为图形创建混合效果。参照图11-11，配合Alt键复制混合图形，并调整图形大小与位置。

图11-11

STEP 12 参照图11-12，首先在视图中绘制白色椭圆形，然后使用"钢笔工具" ✎ 绘制星形。

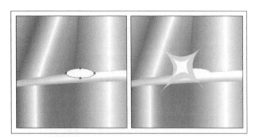

图11-12

STEP 13 选择绘制的星形，执行"对象"→"混合"→"建立"命令，为图形创建混合效果，如图11-13所示。

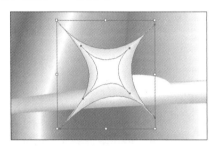

图11-13

STEP 14 保持星形图形的选择状态，双击工具箱中的"混合工具" ，打开"混合选项"对话框，设置"指定的步数"参数为1，单击"确定"按钮完成设置。然后配合Alt键复制星形图形，调整图形大小与位置，如图11-14所示。

图11-14

STEP 15 参照图11-15，使用工具箱中的"钢笔工具" ✎ 为饮料瓶底部绘制细节图形，分别为图形设置颜色，并取消轮廓线的填充，增强图形的立体效果。

图11-15

STEP 16 选择为饮料瓶绘制的所有图形，按Ctrl + G快捷键将其编组，效果如图11-16所示。

图11-16

STEP 17 单击工具箱中的"文字工具" T，依次在视图中输入文本"3"和"0"，设置文本格式，如图11-17所示。

图11-17

STEP 18 继续使用"文字工具" T，依次在视图中输入文本"2"和"8"，设置文本格式，如图11-18所示。

图11-18

STEP 19 参照图11-19，分别调整文本"3"、"0"、"2"和"8"的位置。然后使用"钢笔工具" ✎ 在视图中绘制曲线图形。

图11-19

STEP 20 选择刚刚绘制的曲线图形和文字，执行"对象"→"封套扭曲"→"用顶层对象建立"命令，创建封套效果，如图11-20所示。

图11-20

STEP 21 选择工具箱中的"矩形工具" ▣，在视图中绘制矩形，参照图11-21为矩形设置渐变色。

图11-21

STEP 22 选择矩形和封套效果，单击"透明度"面板右上角的 ≡ 按钮，在弹出的面板菜单中执行"建立不透明蒙版"命令，为图形创建不透明蒙版。然后在"透明度"面板中取消"剪切"复选框的勾选，得到如图11-22所示效果。

图11-22

STEP 23 参照图11-23，分别使用工具箱中的"文字工具" T 和"直排文字工具" ⬚T 在视图中输入黑色的文本"HEALTHY"、"健康"。

图11-23

STEP 24 使用工具箱中的"文字工具" T 在视图中输入绿色的文本"CHINESE FOOD IS SO POPULAR IN THE WORLD"，设置文本格式，效果如图11-24所示。

图11-24

STEP 25 参照图11-25，使用"文字工具" T 继续在视图中输入产品相关文字信息。

图11-25

STEP 26 使用"钢笔工具" 在视图中绘制如图11-26所示的曲线图形。然后选择绘制的曲线图形和所有文字信息，执行"对象"→"封套扭曲"→"用顶层对象建立"命令，为图形创建封套效果。

图11-26

STEP 27 参照图11-27，贴齐饮料瓶绘制矩形，选择绘制的矩形和为文字添加的封套效果。按Ctrl + 7快捷键，为选择的图形创建剪切蒙版效果。

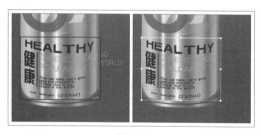

图11-27

STEP 28 使用工具箱中的"椭圆工具" 在饮料瓶底部绘制椭圆形，参照图11-28，使用"渐变工具" 为椭圆形添加渐变填充。

STEP 29 在"透明度"面板中，设置椭圆形混合模式为"变暗"选项，得到如图11-29所示的投影效果。

图11-28

图11-29

2. 绘制装饰图形

STEP 01 使用工具箱中的"椭圆工具" 在视图右上角位置绘制如图11-30所示大小不等的4个椭圆形，分别为图形设置颜色，并取消轮廓线的填充。

图11-30

STEP 02 参照图11-31，选择绘制的两个椭圆形，执行"对象"→"混合"→"建立"命令，为图形创建混合效果。

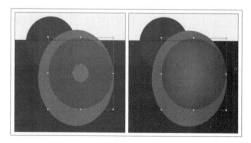

图11-31

STEP 03 选择绘制的椭圆形，按住键盘上Alt键拖动图形，释放鼠标后，将选择的图形复制，调整图形大小与位置，如图11-32所示。

图11-32

STEP 04 使用工具箱中的"钢笔工具" 在视图中绘制如图11-33所示的装饰图形，为图形填充浅蓝色，并取消轮廓线的填充。

图11-33

STEP 05 参照图11-34，在视图中绘制椭圆形，分别为图形填充浅蓝色（C：76、M：59、Y：8、K：0）和淡紫色（C：56、M：39、Y：5、K：0）。配合Alt + Ctrl + B快捷键为绘制的椭圆形创建混合效果。

图11-34

STEP 06 使用工具箱中的"钢笔工具" 在视图中绘制如图11-35所示的紫色（C：76、M：98、Y：57、K：36）装饰图形。

图11-35

STEP 07 使用工具箱中的"椭圆工具" 继

续在视图中绘制椭圆形，参照图11-36，分别为椭圆形设置颜色，然后配合Alt + Ctrl + B快捷键为椭圆形创建混合效果。

图11-36

STEP 08 参照图11-37，使用"钢笔工具" 在视图右上角位置绘制装饰图形，并为图形设置颜色。

图11-37

STEP 09 继续在视图中绘制如图11-38所示的两个椭圆形，配合Alt + Ctrl + B快捷键为椭圆形创建混合效果。

图11-38

STEP 10 使用工具箱中的"椭圆工具" 和"钢笔工具" 在视图中绘制如图11-39所示的笑脸图形，分别为图形设置颜色，并取消轮廓线的填充。

图11-39

STEP **11** 使用以上的方法，继续在视图中绘制笑脸和装饰图形，分别为图形设置颜色并取消轮廓线的填充，如图11-40所示。

图11-40

STEP **12** 选择绘制的所有装饰图形，按Ctrl + G快捷键将其编组。配合Ctrl + [快捷键调整装饰图形的排列顺序，效果如图11-41所示。

图11-41

STEP **13** 选择工具箱中的"钢笔工具" ，在视图中绘制如图11-42所示的蓝色（C：72、M：23、Y：6、K：0）装饰图形。

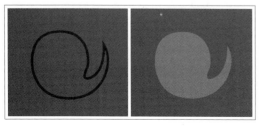

图11-42

STEP **14** 按住键盘上Alt键拖动刚刚绘制的装饰图形，释放鼠标后，将该图形复制多个副本，调整图形大小、位置和颜色，效果如图11-43所示。

图11-43

STEP **15** 使用工具箱中的"钢笔工具" 在视图中绘制如图11-44所示的紫色（C：47、M：70、Y：11、K：0）花瓣图形。

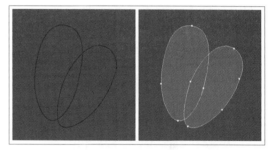

图11-44

STEP **16** 保持花瓣图形的选择状态，选择工具箱中的"旋转工具" ，在视图中单击设置中心点位置，这时按住Alt + Shift键拖动图形，释放鼠标后，将图形旋转并复制，效果如图11-45所示。

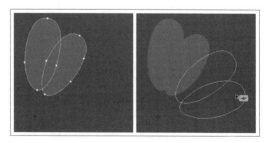

图11-45

STEP **17** 连续按Ctrl + D快捷键，重复上一次操作，使复制的图形绕中心点旋转一周，如图11-46所示。选择复制的所有花瓣图形，单击"路径查找器"面板中的"联集" 按钮，将图形焊接在一起。

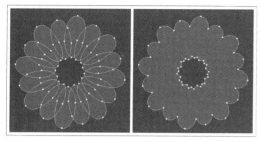

图11-46

STEP 18 使用相同的方法，继续绘制花朵图形，分别设置图形颜色，得到如图11-47所示效果。

图11-47

STEP 19 参照图11-48，使用工具箱中的"椭圆工具" 为花朵图形绘制花蕊，并设置颜色为红色（C：16、M：95、Y：90、K：0）。然后选择绘制的花朵图形，按Ctrl + G快捷键将其编组。

STEP 20 配合键盘上Alt键复制刚刚绘制的花朵图形，调整图形大小与位置，如图11-49所示。

图11-48

图11-49

STEP 21 使用"矩形工具" 贴齐视图绘制矩形，单击"图层"面板右上角的 按钮，在弹出的面板菜单中执行"建立/释放剪切蒙版"命令，为图形创建剪切蒙版，如图11-50所示。

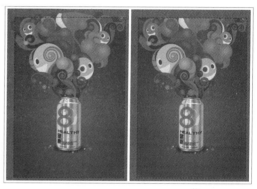

图11-50

STEP 22 最后在画面中添加相关的文字信息，完成该实例的制作，最终效果如图11-51所示。

图11-51

Ai 模拟实训2——户外广告设计

户外广告对地区和消费者的选择性强，可以较好地利用消费者在出行途中或散步的时间，具有一定的强迫诉求性质，即使匆匆赶路的消费者也可能因对广告的随意一瞥而留下一定的印象，并通过多次反复而对某些商品留下较深印象。这些广告与市容浑然一体的效果，往往使消费者非常自然地接受了广告。

下面进行户外手机广告设计，要求掌握钢笔工具、"路径查找器"面板、"创建剪切蒙版"命令及描摹图像等功能在实际绘图中的方法。

🖥 最终效果

本任务素材文件和最终效果文件在"光盘:\素材文件\模块11"目录下，操作视频在"光盘:\操作视频\模块11"目录下。

🖥 任务详解

1. 制作背景效果

STEP 01 执行"文件"→"新建"命令，打开"新建文档"对话框，参照图11-52设置页面大小，单击"确定"按钮，即可创建一个新文档。

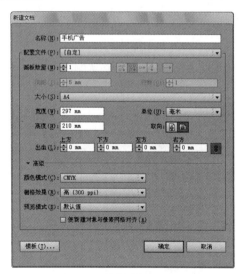

图11-52

STEP 02 使用工具箱中的"矩形工具" ▣ 绘制同视图相同大小的橘黄色（C：14、M：33、Y：83、K：0）矩形，调整矩形与视图居中对齐，如图11-53所示。

图11-53

STEP 03 使用工具箱中的"钢笔工具" ✐ 在视图中绘制如图11-54所示的"C"字样图形。

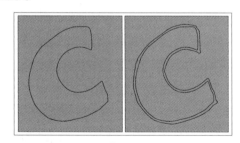

图11-54

STEP 04 选择刚刚绘制的图形，单击"路径查找器"面板中的"减去顶层" ▣ 按钮，修剪图形为镂空效果，设置图形颜色为橘红色（C：7、M：58、Y：91、K：0），如图11-55所示。

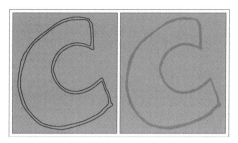

图11-55

STEP 05 使用工具箱中的"钢笔工具" 🖊 在"C"字样图形边缘绘制轮廓图形，为绘制的图形填充橘红色（C：7、M：58、Y：91、K：0），并取消轮廓线的填充，得到如图11-56所示的立体效果。

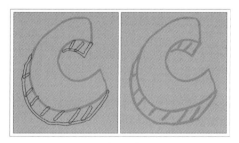

图11-56

STEP 06 使用以上步骤相同的方法，依次在视图中绘制"E"、"L"、"P"、"H"、"N"和"O"字样图形，配合Ctrl + G快捷键将每个字样图形编组，如图11-57所示。

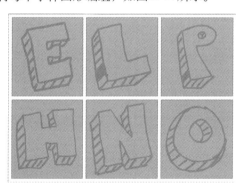

图11-57

STEP 07 选择刚刚绘制的字样图形，配合键盘上Alt键复制"E"和"L"字样图形，调整图形大小与位置，得到如图11-58所示的

"CELLPHONE"英文拼写。

图11-58

STEP 08 选择工具箱中的"钢笔工具" 🖊，在视图中绘制"MOBILE"字样图形，调整图形位置，得到如图11-59所示效果。

图11-59

STEP 09 选择绘制的"O"字样图形，单击"路径查找器"面板中的"减去顶层" 🖻 按钮，修剪图形为镂空效果，设置图形颜色为橘红色（C：7、M：58、Y：91、K：0），如图11-60所示。

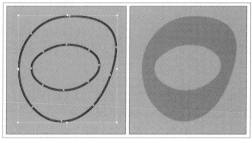

图11-60

STEP 10 选择绘制的"B"字样图形，单击"路径查找器"面板中的"减去顶层" 🖻 按钮，修剪图形并设置图形颜色为橘红色（C：7、M：58、Y：91、K：0），如图11-61所示。

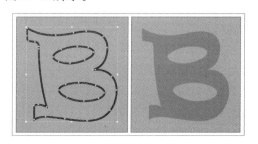

图11-61

STEP 11 选择视图中的"M"、"I"、"L"和"E"字样图形,设置图形颜色为橘红色(C:7、M:58、Y:91、K:0),如图11-62所示,按Ctrl + G快捷键将"MOBILE"字样图形编组。

图11-62

STEP 12 使用工具箱中的"钢笔工具" 在视图中绘制如图11-63所示的手机图形。

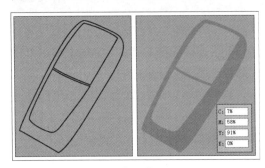

图11-63

STEP 13 使用工具箱中的"钢笔工具" 在视图中绘制手机屏图形。选择绘制的两个图形,单击"路径查找器"面板中的"减去顶层" 按钮,修剪图形并设置图形颜色为橘红色(C:7、M:58、Y:91、K:0),如图11-64所示。

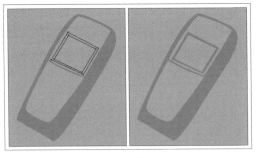

图11-64

STEP 14 参照图11-65,在视图中为手机绘制按键图形。选择绘制的按键图形,单击"路径查找器"面板中的"减去顶层" 按钮,修剪图形,并设置图形颜色为橘红色(C:7、M:

58、Y:91、K:0)。

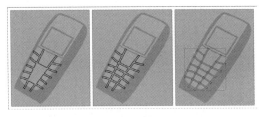

图11-65

STEP 15 继续使用"钢笔工具" 为手机绘制其他装饰图形,分别设置图形颜色,得到如图11-66所示效果。选择绘制的手机图形,按Ctrl + G快捷键将其编组。

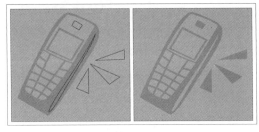

图11-66

STEP 16 参照图11-67,配合键盘上Alt键复制字样图形,并调整图形大小与位置。

图11-67

STEP 17 使用"钢笔工具" 在视图中绘制如图11-68所示的橘红色(C:7、M:58、Y:91、K:0)图形。

图11-68

STEP 18 配合键盘上Alt键拖动"CELLPHONE"

字样图形，将该图形复制，设置图形颜色为橘黄色（C：14、M：33、Y：83、K：0），调整其位置，得到如图11-69所示效果。

图11-69

STEP⑲ 参照图11-70，配合键盘上Alt键复制字样图形，调整图形大小与位置，然后按Ctrl＋G快捷键将复制的所有图形编组。

图11-70

STEP⑳ 继续配合键盘上Alt键复制字样图形，使复制的字样图形铺满整个视图，得到如图11-71所示的背景效果。

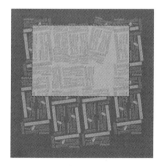

图11-71

STEP㉑ 选择工具箱中的"矩形工具" ▣，贴齐视图绘制同等大小的矩形。单击"透明度"面板右上角的 ▾ 按钮，在弹出的面板菜单中执行"创建剪切蒙版"命令，创建剪切蒙版，如图11-72所示。

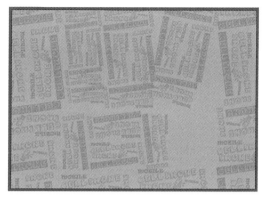

图11-72

STEP㉒ 参照图11-73，选择工具箱中的"矩形工具" ▣，在视图底部绘制3个分别为蓝色（C：79、M：87、Y：51、K：19）、粉红色（C：13、M：86、Y：52、K：0）和深紫色（C：72、M：17、Y：19、K：0）的矩形，并取消轮廓线的填充。

图11-73

2. 添加主体物及文字信息

STEP① 为方便接下来的绘制，将"图层1"锁定并新建"图层 2"。执行"文件"→"置入"命令，打开"置入"对话框，选择"光盘:\素材文件\模块11\手机.psd"文件，将选择的图像置入，调整图像位置，得到如图11-74所示效果。

图11-74

STEP 02 参照图11-75，使用"文字工具" T 在视图中输入文本"Everywhere you go,"在"字符"面板中设置字距参数为-40。

图11-75

STEP 03 使用"文字工具" T 继续在视图中输入文本"there we are."，设置文本格式，如图11-76所示。

图11-76

STEP 04 配合键盘上Alt键复制文本"PayCall"，参照图11-77，在"字符"面板中设置文本格式，并调整其位置。

图11-77

STEP 05 选择工具箱中的"椭圆工具" ，配合Alt + Shift键绘制3个大小不等的正圆，分别为图形设置颜色，得到如图11-78所示效果。

图11-78

STEP 06 参照图11-79，使用工具箱中的"文字工具" T 在视图中输入产品相关文字信息，并设置文本格式，完成本实例的操作。

图11-79

一、填空题

1. 在Illustrator中，使用"_____"对话框可以将创建的作品导出为特定格式的文件。

2. 图像格式包括_____格式和_____格式。

3. 在Illustrator中，RGB模式的颜色需转化为_____模式才可以正确分色。

4. 当需要在Illustrator文件中添加位图时，可执行"_____"命令将位图放入当前的文档中。

5. 透视绘图是使用"_____工具"进行透视效果图的绘制，可在透视平面图上直接进行绘图。

6. 在Illustrator中，使用"网格工具"时，按住_____键单击网格线可将其删除。

7. 使用"网格工具"可以为对象创建特殊的_____效果，它能够从一种颜色平滑地过渡到另一种颜色，使对象产生多种颜色混合的效果。

8. 用直接选择工具选择网格点或网格对象后，通过"_____"面板、"_____"面板和"_____工具"，可以对对象进行颜色填充。

二、选择题

1. 关于网格，以下说法中不正确的是（   ）。

   A. 网格不会被打印出来

   B. 网格可以在页面外显示

   C. 网格的吸附功能通过选中"对齐网格"选项来实现

   D. 网格颜色不可以修改

2. 下列哪种方式不可创建渐层网格？（   ）

   A. 使用工具箱中的"渐变工具"

   B. 执行"对象"→"创建渐变网格"命令

   C. 选择一个渐变色填充的物体，然后执行"对象"→"扩展"命令，在弹出的对话框中选择"渐变网格"选项

   D. 选择一个渐变色填充的物体，然后执行"对象"→"混合"→"展开"命令，在弹出的对话框中选择"渐变网格"选项

3. 下列有关"网格工具"的描述中正确的是（   ）。

   A. "网格工具"和混合工具的功能相同

   B. "网格工具"形成的渐变是不可以进行再调整的

   C. 只有具有填充色的开放路径才可以使用"网格工具"，填充色为无的开放路径不可以使用"网格工具"

   D. "网格工具"形成渐变时，两个颜色必须都是CMYK的色彩模型

4. 当文件中有渐变网格时，应该用哪种打印机输出？（   ）

   A. PostScript level 1打印机

B. PostScript level 2打印机

C. PostScript 3 打印机

D. 非PostScript打印机

5. 当将Illustrator的文件存储为EPS格式时，下列叙述不正确的是（   ）。

A. 几乎所有的排版软件均可置入EPS格式的图形

B. RGB模式的图形可被转换为CMYK模式

C. RGB模式和CMYK模式的图形保留各自的色彩模式

D. EPS格式的图形可保留图层信息

6. 下列哪种格式可进行LZW压缩？（   ）

A. PDF

B. JPEG

C. EPS

D. TIFF

7. 下列有关SVG格式描述不正确的是（   ）。

A. SVG被开发的目的是为Web提供非光栅化的图形标准

B. SVG可以任意放大图形显示，但不会损失锐利度、清晰度以及细节

C. SVG格式的文件大小相对于JPEG要大许多

D. SVG具有超级颜色控制

8. 若Illustrator 的当前图形文件比较复杂，包含有大量中文字体，同时又有置入的图像，关于如何生成PDF文件，下列哪种描述是正确的？（   ）

A. 直接将此文件存储为Acrobat PDF文件

B. 只能通过PDF Writer进行生成

C. 只能通过Acrobat Distiller来生成

D. 通过PDF Writer或Acrobat Distiller均可进行生成